斥力和引力相互转变的作用

关联海　著

U0193973

团结出版社

图书在版编目（ＣＩＰ）数据

斥力和引力相互转变的作用 / 关联海著. -- 北京：团结出版社，2024.4

ISBN 978-7-5234-0893-3

Ⅰ. ①斥… Ⅱ. ①关… Ⅲ. ①天文学－研究 Ⅳ.①P1

中国国家版本馆CIP数据核字(2024)第073674号

出　版：团结出版社

（北京市东城区东皇城根南街84号）

邮　编：100006

电　话：（010）65228880　65244790（出版社）

网　址：http://www.tjpress.com

E-mail：zb65244790@vip.163.com

经　销：全国新华书店

印　刷：济南精致印务有限公司

开　本：880mm×1230mm　32开

印　张：7

字　数：125千字

版　次：2024年4月　第1版

印　次：2024年4月　第1次印刷

书　号：ISBN 978-7-5234-0893-3

定　价：68.00元

前　言

　　牛顿将万有引力定律展现给人类已有三百年，相对论和哈勃定律的理论问世也有百年左右了。随着科学的进步和科技水平的不断提高，人类对自然认知尤其是对宇宙的来龙去脉作更深入探索有了更新的认知和发现不断沿着科学规律学习探索未知，并用新发现来校正所掌握的理论。物质是以永恒运动的方式从此种存在形式转变为彼种存在形式来显示物质的永恒存在，由于物质决定宇宙的一切运动和存在形式，物质是永恒存在的决定了宇宙必定永恒存在，物质存在形式永恒变化决定了宇宙存在形式的永恒变化。由于决定宇宙存在形式变化的先决条件只有两个所以宇宙只有两个大的存在形式，并且在这两个大的存在形式中永恒交替循环变化着，这两个先决条件就是斥力和引力。物质是永恒存在的，而物质所有存在形式又是永恒变化的，这就是运动的真理所在，也是宇宙所有运动的所有真理所在。所谓的宇宙大统一应该统一于斥力和引力，确切地说，就是统一于斥力和引力之间的转化运动当中。（宇宙的一切运动都是物质中生成的斥力和引力直接或间接作用的结果）也就是宇宙大统一必须在运动（斥力和引力相互之间转变转化运动造成宇宙的运动）中的统一。归根结底是统一于物质，因为是物质生成出斥力和引力，这也符合宇宙永恒运动的真理。宇宙的运动是物质的运动，确定地说是物质在时间和空间的陪伴下的自我运动，物质只有物质才能自我运动，只有物质才能生成出斥力和引力而斥力和引力通过相互之间的转变转化又返回来左右、控制、主宰物质的所有运动形式和所有存在形式。我们从物质生产出的斥力和引力是如何决定宇宙命运来概述宇宙O和宇宙E的相互转化转变永恒交替循环运动。从万有引力定律得到引力是从物质中产生的，是物质的另一种存在形式，也可称为引力源中产生的引力，引力的属性就是吸引，吸引的结果是造成收缩和坍缩（不收缩和不塌缩是有干扰和引力的强度不够）引力的特性是从引力源出来再返回引力源，引力的对立面是斥力，斥力也是从物质中产生，也可称斥力是从斥力源中产生的，斥力是物质的另一种存在形式，收缩和坍缩的对立面是爆炸和膨胀，而爆炸和膨胀就是斥力的属性，斥力的特性是从斥力源出来不返回，就是一去不复返，从以上所述和哈勃定律得到如下推论：

一、宇宙运动中的一切收缩坍缩都是引力直接作用的结果，与斥力没有任何直接关系，无论引力是如何产生的，都必须产生于物质。（物质产生引力有N个）二、宇宙运动中一切爆炸和膨胀都是斥力直接作用的结果与引力没有任何直接关系，无论斥力是如何产生的，都必须产生于物质。（物质产生斥力有N种）三、斥力和引力都产生于物质，而斥力和引力又反过来决定、主导、控制、主宰物质的一切存在形式，也是直接或者间接决定、主导、控制物质的一切运动形式，继而决定、主导、控制、主宰宇宙的一切存在形式和运动形式。四、宇宙运动中一切极端的结果一定是极端的原因造成的。五、斥力的速度一定有N个速度（大爆炸时的斥力速是光速的N倍）引力的速度也一定有N个速度，地球上的引力速度比黑洞的引力速度慢N倍，黑洞的引力速度大于光速。

什么是宇宙？宇宙就是有限又永恒的物质和自身产生的引力和斥力在永恒的时间和有限又永恒的空间（指有限的物质所控制的有限空间）的陪伴中有限又永恒地运动着，宇宙运动既是自洽的又是不可逆的，宇宙O同宇宙E之间必须相互转换，物质主宰一切，空间容纳一切，时间流逝一切，运动是一切的生命，人类探索宇宙的千算万算必须遵守宇宙自身运动的各种转变；将时间定为永恒，宇宙内没有无限，宇宙的天然（自然也即非人为的）中的一切运动都是物质作用的结果，本书以物质产生的引力和斥力相互转变的运动规律为主线来探讨和叙述。

一切爆炸和膨胀运动都是斥力直接作用的结果，与引力没有任何直接关系。爆炸和膨胀就是从中心点向外部所有方向极端快速的扩张，一切收缩和塌缩运动都是引力直接作用的结果，与斥力没有任何直接关系。收缩和塌缩就是从所有方向向中心聚集，宇宙运动中的所有一切旋转运动都是引力和斥力共同作用的结果，所有视界的天体其造成视界的成分必须占极端多的比例，应该占99.99%以上的比例，宇宙的总循环的一个周期中的物质（物质A）和能量（物质B）数量和存在时间也是对称的，而所占的比例差别很大。现实中的宇宙就是个球形的永动机，引力和斥力之间通过所占比例的变化大小来主宰宇宙这个球形的永动机的大小变化的运动，并且该球形永动机的体积在引力和斥力所占比例大小变化的条件影响下其大小始终在变化着，宇宙O和宇宙E就是同一个球形的永动机的不同阶段。强大的引力源和强大的斥力源都有视界，此引力源的引力是返回的，是不丢失，不损耗，不减少的，而此斥力是一去不复返的，也就是黑洞的质量永远不减少而且有条件的话会增加，斥力源的能量永远不增加只能逐渐减少，在宇宙两大存在形式中的引力和斥力之间的比例和数量看似是非对称的，关键是引力和斥力的比例、数量始终是在变化中的，其宇宙循环一个完整周期的引力和斥力在数量上也是对称的，该对称是运动变化中的对称。

哈勃定律在宇宙现实运动中是如何实现的和哈勃定律在宇宙整个循环周期不是始终适用的将在章节内叙述。

从宇宙现实中判断推理出在宇宙级的大循环中互为因果律

是存在于现实的，宇宙E内由引力转变为斥力的运动是占主导的运动，在宇宙O内由斥力转变为引力的运动是占主导的运动。从空间和物质的整体大尺度的平均密度来分析其弹性，也即伸缩性；从时间和运动的速度来分析其弹性，也即伸缩性。对称性的能量守恒（和时间守恒）在宇宙O和宇宙E之间的相互转变过程中体现得最完美，宇宙O的物质成分种类极多，而宇宙E中的物质成分种类极少。

宇宙运动的总方向和大趋势是如下这样：由宇宙O到宇宙E，再由宇宙E到宇宙O这样永不停止地交替循环运动着；引力和斥力在宇宙O和宇宙E各占一半时间上的主导地位。

人在有视界的斥力源如暗能量的天体上向外观察是看不到的，只要运动不止就是生命不息；宇宙运动的循环中，每个循环之间的宇宙最大直径都是相同的，最小直径也是相同的，并且存在的时间是相同的，宇宙的运动永远不止，所以宇宙的生命永远不息，宇宙O同宇宙E的存在总时间是同样长度，黑洞的时间和空间维度只有在黑洞的控制能力范围内起变化，其能力范围之外与其不同，如黑洞与我们的地球的时间和空间不同。宇宙所有的循环时期始终没有停止过一种运动，就是转变的运动——引力与斥力之间相互转变的运动。凡是引力纯度（这里指与斥力相比，斥力只占0.01%或者更少）达到99.99%以上的纯度和一定密度，再加上足够质量的天体都有视界，宇宙大爆炸前的奇点就像是个最大的熔炉；而暗物质全部是由暗能量转变而来的，从宇宙E出发点看应该现在宇宙O的一切都是由暗能量转变而来的，因为宇宙E临近大爆炸时99.99%都为（斥力能）暗能量的形式存在，除了极少数的原始黑洞。

可以确定斥力是引起宇宙大爆炸的最主要的因素，也是决定性的第一因素；引力是引起宇宙大收缩的最主要的因素，也是决定性的第一因素，即引力是形成宇宙大爆炸之前的奇点（宇宙E）的第一因素，也是最主要的因素。如果没有引力，就没有宇宙大收缩，也就没有宇宙E（奇点）的形成；如果没有斥力，就没有宇宙大爆炸，也就没有宇宙O的形成。物质只有通过物质才能自我改变，宇宙中发生的一切最终的根源还是物质或者是物质的升华。

目　录

第一章　引力斥力与宇宙循环的运动………………………1

第一节　引力和收缩运动、斥力和膨胀运动………………… 1

第二节　斥力与宇宙膨胀……………………………………… 51

第三节　引力与宇宙大收缩…………………………………… 52

第二章　宇宙中的对称性和破缺性……………………… **55**

第一节　宇宙中的对称性……………………………………… 55

第二节　宇宙中的破缺性……………………………………… 58

第三节　球形永动机的动力来源……………………………… 61

第四节　引力与球形的大小变化……………………………… 64

第五节　斥力与球形宇宙的大小变化………………………… 74

第六节　宇宙中没有无限只有永恒…………………………… 79

第三章　物质主宰宇宙的运动……………………… **83**

第一节　物质的引力斥力主宰宇宙的运动…………………… 83

第二节　物质的斥力主宰宇宙运动 ……………………………… 122

第四章　永恒循环的宇宙 ……………………………………… **143**
第一节　宇宙的有限与永恒 ……………………………………… 143
第二节　宇宙 O 和宇宙 E 的转变 ……………………………… 146
第三节　物质不灭和隐形 ………………………………………… 150

第五章　宇宙的两大存在形式 ………………………………… **153**
第一节　宇宙 E 的运动 …………………………………………… 153
第二节　循环周期的计算公式和守恒 …………………………… 154
第三节　宇宙密度的变化 ………………………………………… 170

第六章　宇宙学中的疑难问题 ………………………………… **172**

第七章　极简宇宙 ……………………………………………… **178**
第一节　宇宙的任何时期都有规律 ……………………………… 178
第二节　新发现的几大规律 ……………………………………… 182
第三节　本书支持以下观点 ……………………………………… 187

后　记 …………………………………………………………… 209

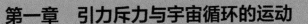

第一章　引力斥力与宇宙循环的运动

第一节　引力和收缩运动、斥力和膨胀运动

一斥一引一物源，一炸一缩一循环，以引力是如何转变成斥力为突破口，以斥力如何转变成引力为突破口，把两个突破口打开后，宇宙的循环运动规律就全部找到了。

探索宇宙应该以宇宙现实为依据，以定律为准绳，用准绳串联起依据，将以往未知的更精彩的宇宙运动呈现给全人类。

物质是永恒存在的，而物质的所有存在形式又都是永恒变化的，这就是物质运动的真理所在，也是宇宙运动中所有的真理所在。

为了便于叙述后面的观点，先明确：宇宙的所有运动都是由物质来决定的，而宇宙运动中所有的收缩塌陷都是物质产生的引力直接吸引作用的结果。宇宙运动中所有爆炸膨胀都是由

1

物质产生的斥力直接排斥作用的结果，无论物质是如何产生斥力，与其他尤其是与引力没有任何直接关系。这就是关系到引力和斥力各起什么作用的问题。

宇宙循环规律的解释：

（一）宇宙运动中所有的收缩塌缩都是引力直接作用的结果，与斥力没有任何直接关系。

根据万有引力定律得出：引力的属性是吸引的属性，所有的收缩都是引力吸引的结果，没有引力绝对没有收缩，有引力绝对必然有收缩，宇宙大收缩也是收缩，所以没有引力，也绝对没有宇宙大收缩，而有引力也绝对必然有宇宙大收缩。

宇宙大收缩是极端极度的收缩，所以也是引力直接作用的结果，与斥力没有任何直接关系。所谓极端极度的收缩是指全宇宙的总物质（或者称为总能量）都转变成引力，并且都参与了宇宙大收缩。根据万有引力定律和进入黑洞的物体以及进入引力天体地球的物体都向引力天体中心方向运动运行，这就明确表示向引力源天体运行的物体与该引力源的距离是在逐渐收缩，直到与引力源天体接触到后停止运行，也同时停止了距离的收缩，这也是引力源天体与物体相互之间都吸引对方，只是引力源天体的质量比物体大极端的多，只要把宇宙运动中的两个天体的合并视为收缩就行；黑洞的形成过程就是宇宙天体所呈现的塌缩的阶段性过程，从引力的属性与特性得出的结果就是：引力使所在的区域内并且是在其引力的能力范围内收缩塌缩，引力的强度有大小，而不是在四个基本力中最弱的。（电磁力虽然含有斥力的比例很多，但是又与斥力有本质的区别，就是和黑洞相似，黑洞的引力占比极端的高，但是与纯粹的引力有本质的区别，引力是有很多运动形式可以形成的。因为斥力来自很多种运动形式，不只是来自电磁力）我们人类居住的地球可能是引力最弱，但就全宇宙来讲：当引力最强大的时间段或区域的引力最强大时，可以使时空弯曲，可以使物质浓缩升华，可以使天体形成视界，这些是一百多年前科学家们用科学方法理论推导出来的、被后来的科学家们在宇宙现实中探索到并加以确定的实践中的真理。从物质不灭得出宇宙不灭。有的理论认为：宇宙有一天会走向灭亡，而是当引力所占比例极端的多时，物质会浓缩升华出极端多的级别，而物质又是决定宇宙的命运（引力与斥力）能动性的决定因素。所以物质浓缩升华极端多级别，必将使宇宙浓缩升华极端多的级别而存在。

引力是宇宙大收缩的充分必要条件，即有引力必然有宇宙大收缩，而无引力绝对无宇宙大收缩。

（二）宇宙运动中所有的膨胀爆炸都是斥力直接作用的结果，与引力没有任何直接关系。

根据天体爆炸宇宙膨胀、引力的对立面，以及以前的天文资料，斥力的属性是排斥，排斥的结果就有膨胀（极速膨胀就是爆炸），所有的膨胀都是斥力排斥的结果，而排斥并不只有膨胀。宇宙大爆炸也是宇宙运动中的爆炸，所以也必须是斥力直接作用的结果，与引力没有任何直接关系，所谓宇宙大爆炸也就是极端极度的爆炸，该爆炸是全宇宙总物质（或称总能量）都由引力变化成斥力，并且是全部斥力都参与的一种爆炸，从现在宇宙膨胀或者加速膨胀中得出，全宇宙总引力和总斥力相比之下，总斥力是占极端多的比例并且也是占主导的支配地位，否则宇宙就不会膨胀更不会加速膨胀，由此得出有斥力必然绝对有宇宙大爆炸，而无斥力也绝对无宇宙大爆炸，这就是斥力是宇宙大爆炸的充分必要条件，这就又一次肯定了宇宙大爆炸发生的必然性。

（三）引力和斥力相互转变的运动规律直接或间接造成宇宙的一切运动规律。

所谓宇宙循环的规律是指宇宙大爆炸之后到宇宙大收缩之前的一种宇宙存在形式和宇宙大收缩之后到宇宙大爆炸之前的另一种宇宙存在形式的这两种宇宙存在形式有规律的永恒地交替循环转变下去。

现在已知当斥力所占极端多的比例而引力所占极端少的比例时，宇宙就发生宇宙大爆炸，进入到一种宇宙存在形式，也就是我们现在的宇宙；当引力所占极端多的比例而斥力所占极端少的比例时，宇宙就通过宇宙大收缩的极端形式进入到另一种宇宙存在形式，也就是宇宙 E 的存在形式。

现在已知宇宙大爆炸后形成我们今天的宇宙，由总斥力向总引力转变是只能在我们现在的宇宙内转变，当全宇宙的总物质（总能量）都转变为引力时就通过宇宙大收缩进入下一种宇宙存在形式，也就是宇宙 E 的存在形式。

现在已知通过宇宙大收缩形成的宇宙存在形式是由引力向斥力转变的运动过程，当总引力都转变成总斥力时就会通过宇宙大爆炸的极端运动形式又进入我们现在的宇宙。现在已知这两种宇宙存在形式是同一个球形宇宙的运动变化，是从极端大的球形宇宙到极端小的球形宇宙的运动变化；再从极端小的球形宇宙到极端大的球形宇宙的运动变化，这样永恒交替循环运动变化着。

能量守恒在两大宇宙存在形式中也得到了充分体现，即两大宇宙存在形式的总能量（或总物质）是相同的，并且是一切守恒定律的基础。

由以上两条宇宙循环运动规律得出，引力是引起宇宙大收缩的充分必要条件，斥力是引起宇宙大爆炸的充分必要条件，全宇宙总循环的一个完整的周期只有两大宇宙存在形式：为从宇宙大收缩完成后到宇宙大爆炸发生时，为一种宇宙存在形式；另一种为宇宙发生大爆炸到发生宇宙大收缩时的宇宙存在形式。绝对不会有第三种及其以上的存在形式，所谓平行宇宙或者其他什么量子宇宙等如果真实存在过也都是在两大宇宙存在形式的局部或者某一时间段发生过，引力造成宇宙大收缩为宇宙大爆炸打下基础，斥力造成宇宙大爆炸形成了我们今天的宇宙，所以没有引力和斥力造成宇宙大收缩和宇宙大爆炸就没有这一切，也就没有宇宙的一切运动规律。

其实引力在宇宙的运动中起收缩的作用，并和收缩有直接或者间接的关系的作用，也就是说，引力在宇宙中起的第一作用也是最重要的作用就是收缩。斥力在宇宙中起的作用就是膨胀（爆炸是膨胀的一种形式，即极速膨胀就是爆炸）以及和膨胀有直接和间接关系的作用，也就是说，斥力在宇宙运动中起的第一作用也是最重要的作用就是膨胀，以及和膨胀有直接或者间接关系的作用。概括宇宙整个循环过程中的所有时期的所有运动，都是引力和斥力直接或者间接作用的结果，也是引力和斥力的共同的直接或者间接作用的结果。

如果将宇宙中浓缩升华的最高级别假设为宇宙运动中的最高峰的峰顶，那么引力就是从最底层走向峰顶的攀登者。而斥力则相反，斥力是从峰顶向最底层前进，也就是说引力是上峰，斥力是下峰，也可以说引力是登峰造极的。这个"极"的极就是将宇宙造就成极端的小的宇宙。这要是从宇宙的整体平均密度来讲，我们将宇宙大爆炸定为分界线，宇宙大爆炸之前为宇宙E，宇宙大爆炸之后为宇宙O，宇宙O也就是我们现在的宇宙。最高峰是在宇宙E内，并且是引力所占比例最高时为最顶峰的峰尖。其实在宇宙E内有一个相对稳定的初期时间段，这个时间段不收缩，也基本没有大的扩张，从对称的角度讲这段时间与宇宙O从宇宙大爆炸到膨胀结束也就是停止膨胀的时间相对应的长久，我们将宇宙E这个相对稳定的时间比喻成峰顶上出现的一个平台，该平台向一侧倾斜，该倾斜的低端是膨胀的开始，这就是宇宙E从最小的体积向最大体积膨胀。

所谓的宇宙循环的规律同一种解释的另一种说法就是：这是我们根据宇宙现实将宇宙定为宇宙O和宇宙E，因为宇宙现实的总循环中的确只存在两大存在形式，这就是斥力造就的宇宙O，那么斥力又是如何造就宇宙O的？还是从宇宙的第一运动规律"宇宙运动中所有的爆炸都是斥力直接作用的结果与引力没有任何直接关系"说起，也就是在宇宙E中当全宇宙总能量的99.99%的大部分引力经过N亿年的历史时间释放引力转变运动变成全宇宙总能量的99.99%的大部分斥力通过宇宙大爆炸的极端特殊的形式转变成宇宙O（宇宙O中心点一定有一个超强大的引力天体或超大引力天体群，使宇宙对角直径永远不会有直线运动），也就是包括我们现在的宇宙，引力造就宇宙E。那么引力又是如何造就宇宙E的？还是用宇宙的第一运动规律来解释，这就是在宇宙O中由全宇宙总能量的99.99%的大部分斥力经过N亿年的发展释放斥力变化都转变成引力，当全宇宙总能量的引力（引力占比）达到99.99%后就通过宇宙大收缩的极端的运动形式而转变成了宇宙E。

该规律中所有的收缩塌陷都是引力直接作用的结果，就目前人类的智慧能力和科学技术手段是很容易验证的。

对该规律中所有的爆炸膨胀都是斥力直接作用的结果这一断定就目前人类的智慧和科学技术手段是很容通过检测验证的。

首先说明什么是宇宙的命运？在这里命运就是宇宙生命，不是生物生命，而是宇宙运动的生命，如果宇宙中没有运动，那么宇宙就是死亡的宇宙。宇宙运动就是宇宙的命运，而宇宙的命运就是宇宙的生命，宇宙包括宇宙O和宇宙E的所有一切存在，都是在时间和空间陪伴下的存在，没有不是在时间和空间陪伴的存在。而所有的一切存在都是物质（物质有N个存在形式）的存在，包括光、引力和斥力等，我们把除了时间和空间以外的一切都归于是物质的存在形式，包括电、光……）物质的另一种存在形式，当然这些另一种存在形式都是通过运动转变而来的，这是从物质和能量包括升华N次级的和升华最高级的能量之间，也就是物质和能量可以相互转换得出的，当然这种转换有时可能会有中间环节的间接转换，也就是光能、引力能和斥力能都是以能量方式而存在的物质。可能有人会问物质到底有多少种存在形式，由于界定的标准不同，所以很难说物质有多少种，斥力能都是能量……都可以相互转换。

　　如《上帝的方程式》一书的147页所问到的："我们的宇宙究竟是物质主宰的，还是某种不同于物质的更重要的东西在决定着宇宙的过去和未来？"在回答这个问题之前，我们先暂时将物质假设为物质A（物质A有N个存在形式，是除了以能量的存在形式以外的物质存在形式）和物质B（物质B也有N个存在形式，是以能量的存在形式而存在的物质），就是只设定一个界定标准也很难统计出有多少种存在形式，因为当人类统计出物质有多少种后，会有不被人类曾经认识的新物质存在形式出现。

这里有一个设想：人们生活生产中的物质定义应该与天体物理学中物质定义区别开来，尤其是有关宇宙循环运动发展中的物质定义更应该有新的定义，所以只能说是除了时间和空间之外的其他一切存在形式都可以归并为物质的存在形式，这样来探讨探索宇宙的其他一切会更好，有人可能会问运动到底是不是物质的存在形式？运动也是物质的一种存在形式，也就是说是物质以运动的形式而存在。

从宇宙整个循环来看，不但质量和能量可以互相转换，而且物质和能量也是可以相互转换的，而且是必须相互转换的，并且还能够转换成能量升华N次级别乃至最高级别。当然，物质与能量之间尤其与升华N次级的能量之间的转换是有中间环节的，而宇宙E就应该是升华N次级别的存在形式，而且是必须确定的升华N次级别的存在形式，升华N次级别的最高级别就在宇宙E内存在着，其中宇宙E的初期是确定为浓缩升华到最顶级的之一。可能会有人问物质和能量互相转换的根据是什么？物质转换成能量我们就不在这里说了，在这里我们先讲能量转换为物质的最突出的实例就是宇宙大爆前的宇宙E通过宇宙大爆炸的形式将99.99%斥力能量中的4%左右的斥力转换为当今的占4%（提纯应该为2%左右的引力物质成分）左右的物质成分。

那么宇宙E的组成成分实际上就是能量而且是升华N次级别的能量，从而更加肯定了宇宙大爆炸前的宇宙E的存在也就是所谓的奇点的存在，也就更加肯定了宇宙O是来源于宇宙大爆炸的特殊能量转换形式而来的。还有就是恒星，其实恒星是一个能量（物质B）存在形式而存在的天体，该天体从诞生起就始终释放着能量，直到有一天纯能量耗尽变化成物质A。

宇宙有很多种物质存在形式：在宇宙整个循环运动中有以99.99%的物质B的存在形式而存在。如宇宙E就是99.99%的物质B的存在形式而存在的，但是不会有以99.99%物质A的存在形式而存在，这里指全宇宙的整个循环过程中的所有一切阶段都不会有99.99%的物质A的存在形式而存在，即可以完全为隐形的物质形式而存在，也就是完全以物质B的存在形式而存在。但是绝对不会完全为显形的物质形式而存在，隐形的也是以能量升华的形式，从宇宙观察的历史资料中得出的宇宙现实确定是如此，到底是为什么不能全部以显形物质A形式而存在？或者全部以完全隐形的物质形式而存在？

以能量的形式而存在的物质有隐形（黑洞和暗能量、暗物质）和显形（恒星）两大类存在形式；但是，物质A的存在形式都是以显形的形式而存在，没有发现以隐形A存在形式而存在的。（在宇宙E初期有占0.01%左右的斥力也是以升华N次的隐形形式存在着）寻找整个宇宙循环的任何存在时期都没有全部以显形的形式而存在物质时期，也就是以99.99%的存在形式而存在，这是宇宙对称中的又一大破缺吗？应该是又一个大的破缺。宇宙E内不存在的显形的物质A，这是确定的，寻找整个宇宙总能量是否完全以显形的形式而存在，只能从宇宙的两大存在形式中的宇宙O内寻找了。

所有的显形的物质存在都是在宇宙O内的存在，但是永远不会有以全宇宙的一切能量以99.99%的物质A的显形形式而存在，这里肯定有什么原因造成的，但是此原因我们寻很久也是无功而返，现在就让我们来探讨为什么全宇宙不能以99.99%的显形物质形式来存在，就是瞬间以99.99%的显形的形式而存在也行，该显形就是指以物质A的形式存在和物质B的部分存在形式，这个问题还得从全宇宙的总引力和总斥力入手。

总引力所占极端多的比例会使物质升华为隐形的能量（升华N次级），而总斥力所占的极端多的比例同样也使物质升华为隐形的能量（升华N次级）。现在的分散的宇宙天体其引力所占比例极端的多再加上合适的质量等其他条件都齐全了也，会以隐形的升华N次级能量形式存在着，还有以斥力能所占比例极端的多天体再加上足够的质量和其他条件都齐备后也同样是以隐形的升华N次级的形式而存在，这里所要说明的是宇宙O内的引力能隐形所占比例逐渐增多，而以斥力的隐形成分所占比例会逐渐减少，这与由斥力向引力转变应该是同步的。还有一点说明是斥力隐形在宇宙大爆炸后是一个整体球形斥力天体，逐渐减少密度，其体积不断增加，到了一定时期后开始分裂成两个球形相套的网状球，再过后网状成了多个或者是多层球形网状，这样球形网状套球形网状，这一层一层地相套，使斥力层与斥力层之间的斥力相互排斥叠加，造成最外层宇宙天体分离的速度最快。（和球形斥力层对角即两个最远之间天体分离速度最快）宇宙O诞生的初期是以斥力能隐形的形式而存在，还伴有以引力能存在形式而存在的原始黑洞的隐形形式而存在，这种原始黑洞应存在于宇宙中心部位（也就是前面讲的宇宙中心点的超大引力天体或者超大引天体群，这也是造就球形宇宙根本因素），宇宙从此就开始了以斥力能的隐形形式通过物质A的显形形式向以引力能为隐形的黑洞转变，如果当时转变不成隐形的黑洞而转变成其他天体或者转变成其他成分，但最终基本都会全部转变成黑洞或被黑洞吃掉，为所有的一切黑洞合并成一个单独的超级巨型黑洞也就是宇宙E而准备着。

所谓显形就是视觉上可以直接观看到或者用仪器可以直接观看到包括因距离过度极端的远而看不到，隐形天体主要是指目前已经确定的有视界的天体，根据目前的天文资料断定得出在宇宙O内大多数的物质都是有视界的，应该有70%—90%都有视界而看不到，有以引力能为浓缩升华N级（比如黑洞就是以引力能浓缩升华N级天体）和斥力能为浓缩升华N次级（比如暗能量和暗物质就应该确定为以斥力能浓缩升华N级天体，有视界的斥力能天体的视界来源于斥力能天体向外排斥的斥力是超光速的，尤其是宇宙大爆炸的初期的斥力源是一个斥力整体，且斥力所占比例在整个宇宙循环史上最高，斥力也就最强大，所以此时的斥力排斥速度最高，应该超过光速N倍，这就是10—32秒内使整个宇宙扩大一光年原因所在。

从这里看出，宇宙O的整个存在时期的初期是以斥力能为主的隐形的存在形成而存在，斥力能隐形成分所占比例最高时可达99.99%，并且是一个斥力整体，斥力是以向外排斥斥力的方式释放斥力能，这种向外排斥斥力能就是向引力转变转化的最初阶段，使这种有视界的斥力能整体的密度在逐渐降低，直到今天已经分裂分解为球状形套球状形的N个球状形由内层向外层逐层套着的斥力隐形层，人类由此得出哈勃定律。

今天，在斥力隐形成分占全宇宙的96%左右时就已经创造出部分以引力隐形的成分了，这就是自宇宙大爆炸后而形成的黑洞，从这种黑洞形成那个时期起直到宇宙大收缩开始。

宇宙O中的总引力隐形成分只能增加而不会减少，直到宇宙大收缩完成而进入了以引力隐形成分为主导的宇宙E，所以在整个宇宙O的存在时期还没等到显形的成分有多少时就又产生了引力隐形的成分，也就造成了永远不会全部以显形的成分存在的时期，并且在宇宙O的整个存在时期隐形成分自始至终存在着相当大的比例，也可理解为在整个宇宙O的存在时期有视界的总能量比无视界的总能量多非常多，这些隐形成分既包括引力的隐形成分又包括斥力的隐形成分，也就是说，宇宙O

的初期以斥力的隐形成分为主导，并且斥力占比最高时可达99.99%，此主导地位保持到宇宙O大约一半的存在时间，从一半的时间过后就是引力隐形成分占主导地位，引力隐形成分一开始占主导地位的比例不高，到临近宇宙大收缩时引力隐形成分所占比例可达99.99%略弱，到经过宇宙大收缩而进入宇宙E，宇宙E的最初时刻的引力隐形成分应该占99.99%及其以上。为了叙述方便，如同前面所述的，我们只能人为将物质（主要指）设为物质A和物质B（物质A有N个存在形式，又分为引力物质A和斥力物质A。物质B有N个存在形式也分引力物质B和斥力物质B，物质B又有能量升华N次级的能量的形式），物质A就是通常科学意义上解释的物质定义，物质B就是浓缩升华N次级的能量，也是除了物质A以外的物质的其他一切存在形式，也就是宇宙的总循环中除了时间、空间和物质A之外的其他一切都可以统称为物质B。

宇宙的命运是由物质来决定的。这里还必须包括物质浓缩升华N次级或者说是能量浓缩升华N次级的形式，也就是物质B。这是由历来的科学实践和科学观察中得来的，并且是确定的，也是不证自明的。那么，物质是如何主宰控制宇宙中一切的命运，也就是宇宙的命运？物质主要是通过引力和斥力，我们人为只讲引力和斥力，其他不涉及（因为其他原因对宇宙的命运影响极端的小，可以忽略不计）。

因为只有引力和斥力才能具备改变宇宙的存在形式的条

件，除此之外，其他切都不具备改变宇宙的存在形式的条件，也可以确定地说，全宇宙唯一的、最大的统一是引力和斥力的统一，它们不但统一所有的基本力即弱强电（基本力当中的电磁力虽然是斥力成分，但它不是纯粹的斥力成分正如产生引力有多种原因，那么产生斥力也有很多物质来创造的原因）并且统一了时间空间、和物质，也就是统一了宇宙的一切。那么引力和斥力是如何统一时间的？这里宇宙现实，已经确定的是引力斥力统一时间的主要表现为可使时间快慢变化，引力和斥力又是如何统一空间的？这里指宇宙现实已经被我们人类认识和确定的就主要表现为空间大小的伸缩和空间的曲直，现在我们再看看引力和斥力是怎么统一物质的？这里已经被我们人类认识和确定的宇宙现实，主要表现为物质的密度，也可以说是改变物质比重的大小。统一是使用运动来统一的，宇宙中除了时间、空间和物质这三项还有什么？

所以说，引力和斥力统一全宇宙，能够统一全宇宙也说明统一一切了，就是引力和斥力加起来100%的宇宙运动能量，实际现实中宇宙O内不会有50%的引力和50%的斥力共同存在的，因为在宇宙O内除了有较纯的引力和较纯的斥力之外还有界于较纯的引力和较纯的斥力的中间成分的存在。

物质说："我使用引力和斥力来直接或间接地统治主宰控制宇宙的过去（过去的历史上也是物质主宰的）、现在和将来的一切，同时也统治主宰控制着我物质自身。"实际上以前的宇宙也是物质使用引力和斥力来统治和主宰的，对于以前的宇宙历史来说，物质好像更谦虚了，最为显著的就是宇宙空间球状直径从最大直径向最小直径转变和宇宙空间直径从最小直径向最大直径转变，从中看出宇宙从最大直径向最小直径转变是释放斥力能到一定程度后，由于引力所占比例超过了斥力所占比例，并且转变成引力能，使引力能逐渐增加，并且随着全宇宙的总空间缩小，总空间的密度逐渐增加，物质的平均总密度也同时增加，最后当引力所占比例达到极端的高度（应该是99.99%时）就发生了宇宙大收缩而进入宇宙 E，又开始了从引力的释放后，引力逐渐减少向斥力转变，还可以使物质能够形成有视界的天体，实际上宇宙现实中最为关键的是引力和斥力将物质、时间、空间三者统一起来，引力向斥力转变，斥力逐渐增加……也就是宇宙 O 和宇宙 E 之间的相互转变也是引力和斥力从中起决定性的主导作用（宇宙 O 最大空间时，是扩张、膨胀、分离到停止时，收缩之前的瞬间是极端的大，大到让人类很难认识清楚，然后开始收缩，再到大收缩，宇宙 E 的初期是宇宙循环史上最强大最极端的统一，也是直径最小的唯一单独天体的存在过程，小到极端的小，为什么能够小到极端的小？）这是因为超级强大的引力将宇宙的一切都浓缩升华了，浓缩升华为极端的小，小到让人类无法认识清楚。

　　宇宙大爆炸初期探测不到的原因就是全宇宙的总能量都是以斥力的形式而存在所形成的超大斥力的速度是光速每秒

三十万千米的 N 倍，造成的视界双向视盲的，这就是有视界而看不到。

在全宇宙整个循环过程中有视界的天体（包括宇宙 E），压力越大所含物质成分的体积也越小，并且比重也越大，也就是说密度越大，斥力和引力所造成的压力应该都会使其该天体所含成分成反比，也就是压力越大所含成分越少，这就是强大的压力及其他极端的条件将天体的很多成分合并了，浓缩升华了，还有就是强大的斥力和强大的引力都能使天体形成视界。

这里就是在宇宙 O 内总斥力视界逐渐消失，总斥力也随着逐渐减少，引力视界的总数逐渐增加（指黑洞数量的增加也就同时使引力视界数量增加），总引力也随着增加，在宇宙 E 内则相反，是总引力逐渐减少而总斥力是逐渐增加，关键就是宇宙 O 的总引力所形成的压力其平均越大，其总密度平均越大，其所含的物质存在形式的成分数量也就同时越少。

宇宙大爆炸不是来源于所谓的无而是来源于时间、空间、物质、运动等一切的极端高度浓缩统一的宇宙 E，并且宇宙 E 的总能量与现在的宇宙中的总能量多少是相同的，是不差丝毫的同样多少，因为总能量在宇宙循环的所有时期都是恒定不变的，这就又回到物质不灭决定宇宙不灭，能量守恒决定宇宙守恒，能量守恒决定了宇宙每一个循环周期的时间都是完全相同的，也即时间守恒。能量守恒也决定了宇宙所有每一个循环周期的空间最大球体直径是守恒的；每一个循环周期的最小空间球体直径也是守恒的，是物质的超大引力将其物质自身周围的空间、时间以及自身改变了。试想，超大引力将物质也就是宇宙E和黑洞改变成了升华N次级的（也可以说是能量）物质。有的天体比黑洞的质量大，为什么没有视界？就是因为该天体的引力所占比例不如黑洞的引力所占比例高，因为黑洞的引力比例占99.99%以上。如果宇宙中的任何天体（物质）一点引力也没有，那么该天体就一点吸引作用也没有；如果宇宙中的任何天体一点斥力也没有，那么该天体也就一点排斥作用也没有。

我们假设两个同等质量和同等体积的黑洞合并，其根据宇宙E的能量是可以浓缩升华N次级的体积极小的条件推断出合并后的黑洞密度增加，视界增加，体积（组成黑洞的成分可能与现在的黑洞不同，但是肯定有这类天体）反而应该比合并前的单个黑洞小，黑洞越加体积越小应该分级别：初级应是$1+1 < 1$；二级为$1+1 < 0.5$；三级为$1+1 < 0.1$……并且是三个同等质量同等体积相加的体积小于两个同等质量同等体积相加的体积，四个同等质量、同等体积相加的体积小于三个同等质量同等体积相加的体积。

以此推论，这样使宇宙走向宇宙大收缩而形成宇宙E，这是越加越小从而违反了我们的现实生活和工作中所见的常识，这是如何造成的？这就是极端大的引力所具有的黑洞组成成分越加，密度越高而造成的。

所谓的引力波、引力透镜和时空弯曲，都是被科学家们用科学的手段推理出来的理论证明的，又被后来的科学家们在宇宙现实中发现确实存在的，这就是从理论逻辑推理到实践中的证明。

黑洞和宇宙E内引力占99.99%时，其为极端大的引力造成的引力能球，而且表面包裹着最极端升华的空间。该空间同引力能球融为一体，在视界之外的空间折叠成多维度了，在其统一体与视界之间的空间存在形式界于前后两者之间，即不同于升华N次级的能量球融为一体，又比视界外的空间多升华N个级别。当引力所占比例达99.99%时，物质（能量）升华的级别最大。换句话说，引力所占的比例越高，其浓缩升华的级别越大。

在宇宙E内，当引力所占比例极度低，而斥力所占比例极度高时，宇宙E的直径扩大到了最大时期被包裹在强大的引力外壳内，并且超大斥力也应使物质（能量）升华N次级，相对论和量子论所涉及的宇宙内的一切存在都是以浓缩升华N次级的形式，在宇宙E存在着或者间接地存在着浓缩升华，它们在这里都统一了，这是宇宙循环过程中最强大的统一。

我们现在的宇宙O内引力成分只占整个宇宙的不足4%（这是我将暗物质也归属于斥力成分。相信在不久的将来人类会探明暗物质并且加以定性的，如果定性为斥力就可以照此计算。宇宙大爆炸的初期，暗物质产生的引力波被探测到）。这是宇宙O中斥力直接转变为引力而不经过其他中间环节的现实例证，但是不知道直接转变的在整个宇宙O存在时期占比是多少，但是肯定有个固定比例。"我们会发现，其他内部所有星系运行的速度都超过了这个星系团的逃逸速度。但是我们在计算逃逸速度的时候依据的星系团总质量，是将他拥有的星系质量一个个加起来得出的结果，而每个星系的质量又是根据它的亮度估计出来的。如果我们没计算错的话，这个星系团应该迅速分崩离析，只余下些许痕迹供人缅怀它蜂巢般拥挤的过往，这个过程只需要几亿年到10亿年。但后发现星系团的寿命已经超过了100亿年，几乎和宇宙本身一样古老，所谓星系没有足够的引力收紧整个星系。"是暗物质在起作用。以上所谓的暗物质是我们人类永远也不会找到，更不会探测到的，因为全宇宙循环的整个周期里根本就无如此的暗物质种这是因为星系团在斥力层的夹层里被斥力层包裹着使其不会分崩离析（如果为此所谓的暗物质的引力在所有的星系团分别为6倍，那么就更加确定是斥力层的斥力压所制，从立方体的六个面来算为6倍，而且应该是多于6倍。因为星系团为圆球形，圆球形受力面比立方体的6个面的受力面略大，星系团和星系大多为不规则不纯圆的球形体）后面的章节有叙述。

斥力层形成的斥力压从星系外挤压星系帮助其不向外分离，那么该暗物质保持到今天也必须为斥力成分；如果定性为引力，那么就按另外的引力和斥力比例计算，（有将暗物质列为引力成分的论述并且是主流理论，提纯折算后会更低，也就在1%—2%）其他为界于纯引力和纯斥力之间的中间成分，斥力成分也就是所占比例96%左右或者更多。

　　我们假设这些斥力成分大部分分布在宇宙的整个空间内，形成若干个大球套小球的球形网，最内层的球形的斥力层外面又被一层球形斥力层包裹住，斥力层与斥力层之间有非斥力层，（这些层与层之间的空间应该是所有星系形成的层。宇宙大爆炸最初是一大层）不分层，只有一个整体的球形斥力天体），后来分为多层并且形成多层的球状网形层次，斥力层与斥力层之间的排斥力叠加，加速了分离也就是斥力层与斥力层之间的距离加速拉大，斥力层与斥力层将星系包裹在内。宇宙天体距离越远，分离的速度越快，而就一个单独星系内的各个天体之间基本不向外加速分离，得出星系是被夹在斥力层之间的，星系随斥力层之间的距离拉大而加速向外扩张，斥力层的层数不断增加，三个斥力层比两个斥力层分离的速度快，这里有一个关键需要强调：宇宙的所有星系的单个星系（假如银河比现在大N倍，也不会占三个斥力层），不论多么巨大其永远是在两个斥力层的夹层里，永远不会占据三个斥力层面。当然，斥力层面开始逐渐消失的过程中除外。当斥力层面全部消失后宇宙就要准备进入宇宙E的大收缩前期阶段了，四个斥力层比三个斥力层分离的速度快，依次推论造成距离越远，之间分离的速度越快，也就是远距离分离的速度越快直接原因。以上所述就是暗物质不存在的理由，也是星系团运动速度超过逃逸速度而不分崩离析的直接原因。

看到远距离的速度比近距离分离的速度快，假设宇宙大爆炸初期是一个单独的斥力天体其斥力的速度为光速的N倍，一个斥力天体经过大约137亿年的时间逐渐分为两层。此际，每层的斥力速度大约为每秒30万千米，或者小于光速，但此刻肯定有超光速的斥力天体，后又分裂分解为四层……（这在后面需要进一步确定）造成了红移也就是宇宙加速膨胀（这就是哈勃定律在宇宙现实中的实际表现），斥力层不会永远是层面，该层面有一天会破裂，并且缩小至作为层面全部消失，成为只占0.01%的斥力，并且成为点状而进入大收缩。这是因为随着斥力成分逐渐转变为引力成分，斥力层被引力点所占领，尤其是黑洞，此时每个黑洞为一个点，到所有的原来斥力层面的位置都被引力成分所占领时，就会进入宇宙大收缩了。

我们再看看宇宙大爆炸是如何发生的。宇宙大爆炸之前我们设为宇宙E（奇点），宇宙E（奇点）也是有运动的，而这个运动最主要的就是转变的运动，也就是主要由引力成分转变为斥力成分的运动，而且该运动是可以确定的，并且是必须确定的，该确定是基于以下几点：

一是基于宇宙大爆炸至今斥力所占的比例成分高达96%或者更多。

二是基于宇宙运动中所有的爆炸扩张都是斥力直接作用的

结果与引力没有任何直接关系，而且宇宙大爆炸是极端的爆炸，其爆炸时必然是斥力所占比例在99.99%以上。

三是基于宇宙E形成于宇宙大收缩，宇宙运动中所有的收缩塌陷都是引力直接作用的结果与斥力没有任何直接关系，而且宇宙大收缩是极端的收缩所以宇宙大收缩必然是引力占99.99%以上。从宇宙E形成的初期的引力占99.99%以上到宇宙大爆炸时的斥力占99.99%以上，显示了由引力向斥力转变的运动。

四是基于黑洞内引力所占的比例成分高达99.99%，从黑洞形成后在没有后续成分进入和没有黑洞合并的前提下，黑洞的引力所占比例是固定不变的其视界直径和体积直径也是固定不变的。黑洞的视界从黑洞生成到进入宇宙大收缩（塌缩）是基本稳定的，除非有大量的天体成分进入黑洞或者黑洞合并，现在黑洞内有热辐射出来视界的论述同其黑洞的定义相矛盾，除非热辐射是纯度极高的引力成分并且全部都再返回引力源，也就是黑洞。

从引力波和引力透镜以及时空弯曲都得到宇宙现实的验证——黑洞的存在，全宇宙总斥力释放的结束是全宇宙总引力释放的开始，同时也是宇宙大收缩发生后创造的宇宙E来推理出宇宙大收缩发生的必然性，实际上同一个大质量宇宙天体的引力和斥力比例失调的话，其引力波和引力透镜以及时空弯曲会同时出现的，这里引力波在这三个宇宙天像中应该是最难形成的，其引力透镜和时空弯曲更容易形成。再根据全宇宙总引力释放的结束也是全宇宙总斥力释放的开始，也同时是经过宇宙大爆炸而形成的宇宙O后才是全宇宙总斥力释放的开始，从而确定宇宙大爆炸所发生的必然性。

　　宇宙运动中在这里特别提示，黑洞是只进不出的天体，从而确定黑洞的质量永远不减少，并且在有外来成分进入或者黑洞合并的情况下其会增加质量，由于极端强大的引力作用使得黑洞成分的表面极端光滑并且是超圆的圆球，由此再次表明黑洞内是有运动的，其运动之一就是引力运动运行出视界之外再返回视界内，这是从视界中得到的，这也就是引力场。将来科技发展到一定程度后，人类会探测出该引力出来多远的距离后再返回视界内。但是这一定与黑洞的引力强度有关系。

　　距离引力源越远其速度越慢，距离引力源越近其速度越快。引力源的引力强度同引力的速度成正比，即引力强度越大，其引力的速度也就越大。

　　人类应该将宇宙运动中的引力和斥力根据现实存在的不同大小设定出引力和斥力的级别，例如可以将有视界的引力列为最强大的引力，也就是一级引力，也可以将有视界的斥力列为最强大的斥力，也就是一级斥力。

　　引力是不是出来视界，又和原先是引力源的成分合并成引力成分，这就是黑洞能够将非引力成分改变成引力成分的体现。还有就是一百多年前科学家通过科学推理断定引力将时空拉弯曲，并形成引力波，后来又被科学家们在宇宙现实发现确实存在的宇宙运动现象，该现象最能证明引力离开引力源又返回的实证了，地球大气层内的成分离开地面又落到地面是引力返回的表现之一。还有在大气层边缘运行成分有进入大气层的时候也是引力返回的表现，由于有运动是确定的，而且所有的运动必须是在时间的流逝中运动，没有不在时间的流逝中的运动，所以由此推理黑洞视界内是有时间的。而且所有的运动又必须是在空间内运动（运行）的，没有不在空间中运动（运行的），由此确定黑洞内尤其是指视界内必定有时间。必定有空间。（视界也是黑洞的空间）关键是必定有运动（运行），其引力出来视界再返回视界这是黑洞现实存在的运动。斥力在斥力源内出来后，尤其是在有视界的强大的斥力源天体内出来的斥力是永远不回去的，也就是说是一去不复返的，就这样斥力源天体永远将斥力排斥出来，其斥力源的能量越来越少，尤其是斥力能量减少，使斥力源逐渐向非斥力转变，然后再向引力转变，而排斥出的斥力也会转变成非斥力后再转变为引力。当全宇宙的所有斥力都转变成引力后，以极端的宇宙大收缩的形式就又回归到宇宙大爆炸之前的宇宙E的初期存在状态了，由此断定实际上应该是黑洞视界外边缘处的强大引力同其周围的其他成分所形成的热辐射，而并不是从视界内出来的辐射，就是量子也不会跑出超大引力的范围（除非量子在强大的引力条件下也变成了强大引力的量子，并且具有强大引力的量子也必须全部返回引力源，视界外的边缘的引力也非常强大，只比视界内的引力略小）。

五是基于宇宙大收缩完成初期也必定是引力所占比例高达99.99%以上（没有引力就没有收缩，没有极端强大的引力，没有高纯度的引力就没有宇宙大收缩，也就形成不了宇宙E。只有极端强大的引力和高纯度的引力成分，才能形成宇宙大收缩，才能变成宇宙E，所以宇宙E的初期是引力成分占99.99%，到宇宙E的尾期也就是临近宇宙大爆炸时变成斥力占99.99%，由此推断出宇宙E是绝对有运动的，并且该运动主要就是由引力向斥力转变的运动。这也是引力同斥力之间互相转变的第一宇宙运动规律的另一半规律，该运动应该必须是确定地，这种运动是改变宇宙存在形式的运动，这就是由引力向斥力转变的运动（还有一种运动就是引力从宇宙E的视界内出来后又返回到宇宙E的视界内）。

如前所述，我们将宇宙大爆炸至今和以后到宇宙大收缩完成之前设为宇宙O，宇宙O同宇宙E相比已知有两大对称性，主要就是时间对称和能量对称，两大破缺主要就是空间破缺和所含成分种类、数量的破缺。首先试想宇宙E最初是引力成分占主导地位，并且所占比例最高时可达99.99%或者更多，这从黑洞所占的引力成分中和宇宙大爆炸中斥力所占的比例推理出来，宇宙中一切收缩、塌缩都是引力直接作用的结果与斥力没有任何直接关系。又，宇宙大收缩是极端的收缩所以引力所占比例是99.99%以上，而宇宙E的初期也就是宇宙E刚形成时，引力所占的比例在99.99%以上。

《物理天文学前沿》第245页："黑洞并不意味着黑洞内的观察者看不到光，而是说它不能被远处的观察者看到。"一些媒体所说的人类所要研究的黑洞武器，绝对不会有黑洞视界而视觉看不到，只是引力大点，只有与人类所造的爆炸武器爆炸的速度相当才能成为引力武器，绝对不会成为黑洞，因为人类搞不到如此大的质量，即达到黑洞的质量，什么所谓地球缩小到一定的范围成为黑洞也是绝对不可能的，所谓的黑洞其定义是质量必须达到一定量，引力纯度必须达到一定的纯度，还必须有视界。光在宇宙运动的所有时期的所有环境中的速度有几种？是所有时期的所有环境中最快的速度吗？

这里我们就来讨论这个问题。如果在视界内的观察者所观察的应该是就近的光，远距离的光应该是看不到，这就应该是极端的引力将光吸住，并且视界内的光的运动运行由于超级强大的引力会有方向性的限制的。假如该光运动的路径不靠近观察者的视线，即不都在一个垂直于引力中心时，其观察者是看不到该光线的，就是在一条垂直于引力中心时当光线在观察者靠外一侧时，观察者是能够看到该光线的，而当光线运动到观察者的内侧时，观察者再看该光线是看不到的这与视界的形成是一个原理。（这里特别提示：黑洞内由于超大引力造成的超大压力和超高温是使任何生物生命都无法存活的。）我们理解的"黑洞并不意味着黑洞内的观察者看不到光",这句话只是一种假设,就是仪器在黑洞视界内也会被压碎。所谓黑洞是只有引力成分所占比例达到99.99%及其以上,密度也必须达到一定高度,质量达到一定数值后才能形成引力视界而成为黑洞。

宇宙大收缩是整个宇宙都集中到宇宙E了,宇宙E的形成就是引力超级强大和所占比例极高才能实现。这是从引力波和引力透镜以及黑洞这三项得到验证的宇宙现实,设想到当全宇宙的总能量都变成了引力能的性质,使引力所占比例达到99.99%时宇宙会发生什么?

所谓宇宙大爆炸(此时万有引力的定律中"宇宙中的每一个物体都吸引着其他物体",就不适用了,因为此时的全宇宙是斥力占比例为99.99%),是只有斥力成分所占比例非常高,纯度已经达到99.99%及其以上后,才能冲破引力外壳,也就是冲破宇宙E的引力外壳。该外壳是宇宙整个循环史上成分中最有韧性的,冲破宇宙E的引力外壳也就是发生了宇宙大爆炸。为什么说是斥力所占比例达到99.99%后发生的宇宙大爆炸?因为宇宙运动中的所有爆炸膨胀都是斥力直接作用的结果,与引力没有任何直接关系,(从宇宙大爆炸诞生宇宙O至今137亿年的时间里,全宇宙的总引力也就是4%左右,将引力提纯后也就是2%,宇宙大爆炸是极度的爆炸所以就是斥力所占比例必须达到99.99%以上后发生的。现在有个主流观点认为发现了宇宙大爆炸初期遗留下来的微波背景辐射，是引力以及暗物质也是初期遗留下来的。如果这个观点经过证实是正确的话，那就只能说明当时的所有斥力成分包括在内经过137亿的变化和137亿年的运动，到今天转变成了引力成分，当然这些还需要进一步探索求证，也就是求证斥力如何转变成引力的，可以确定的是发生宇宙大爆炸的瞬间是斥力占绝对主导地位，所占比例应该是99.99%及其以上（当然这个比例不一定精确需要科学验证）。

宇宙E的初期是将进入到宇宙E的所有成分都转变为引力成分，只有极端少量的斥力成分存在。而此时斥力成分是被主导地位，并且所占比例非常低，应该只占0.01%%或者更少，从对称性原理推理得出有原始黑洞（引力源天体），也应该有斥力源天体，该原始斥力源在宇宙E刚形成时所占比例非常低应该只在0.01%或者更少，原始黑洞就是在宇宙大爆炸时的比例也非常低，应该只有0.01%的极端少的超大引力成分。还有一点非常重要的是，可以明确的就是原始黑洞的原始起点应从宇宙E形成的那一刻算起，也必须从宇宙E形成的那一刻时算起，因为原始黑洞是发生宇宙大爆炸时没有转变成斥力成分的碎状引力外壳，后来重新聚集起来的，所以所含的引力成分应该是宇宙E刚形成时的引力成分，而不是宇宙大爆炸形成后由斥力成分转变成引力成分，也就是从宇宙大收缩刚完成时的引力成分保留下来的，只是从宇宙大爆炸前的完整蛋壳状到宇宙大爆炸时的破碎蛋壳状，极快速地聚集到一起的超高纯度的引力成分天体。

当宇宙大收缩彻底完成后，也就是说引力占比例非常高，其纯度高达99.99%以后，到了再也没有可进入宇宙E的成分后，引力成分浓缩升华N次级形成的特别极端的条件下由于宇宙E内的极端高温、极端高压等一系列极端的条件将引力成分自身，也就是将引力成分逐渐转变成斥力成分，当斥力成分所占比例与引力相比较时的斥力占主导地位并且直至达到非常高的比例时，纯度应该达99.99%以上时，宇宙大爆炸发生了。

从以上看出宇宙E内的极端的条件是引力与斥力之间的比例严重失调即引力所占比例极多，而斥力所占比例又极少造成的，所以说是宇宙运动的原始动力源来自物质产生的引力或者斥力，所占比例又极多。当全宇宙的总物质产生的总引力释放的能量结束，就是宇宙大爆炸发生之时，也同时是全宇宙的总物质产生的总斥力释放的开始，并且也是由总斥力向总引力转变的开始，当全宇宙的总斥力释放能量的结束，也就是宇宙大收缩发生之时，同时也就是形成了宇宙E，这又开始了全宇宙总引力能量的释放并由此时是引力向斥力的转变，这就是宇宙运动的原始动力来源于引力和斥力之间的相互转变，这种转变如同恒星通过核聚变将核能量主要以热能和光能的形式释放出来，自动和自主的释放能量是引力和斥力所具备的最大的自我特性。

（1）大爆炸之前的宇宙是什么样子？（2）是什么力量将全宇宙的物质凝缩成一个高密度的原始火球或奇点？（3）大爆炸又是怎么引起爆炸的？（4）是谁点燃了那引起爆炸的导火索？（5）宇宙的膨胀将导致什么样的格局？（6）假如是一种开放的宇宙格局，再膨胀200亿年或是更久的时间，宇宙将会变成什么？（7）它会继续膨胀下去吗？（8）一个阻止膨胀而逐渐凝缩的宇宙为什么又能恢复到它的起始奇点上来？

下面将对8个的提问作出试说式的回答。

在回答上述八个问题之前我们先看看互为因果律，宇宙现实的确存在互为因果关系，也必定有一定规律的，所以应称为互为因果律，是怎么样的？和什么是宇宙的灵魂？是物质在宇宙运动发展中最完美的体现和展现，最为典型和最为突出的也是最大几对因果律就是引力和斥力互为因果关系，从整个宇宙和整个循环中得出同一个球形的引力和斥力之间的转变，当引力所占比例达99.99%时，宇宙就通过大收缩的这种极端的运动形式转变为宇宙E，也就是变成了极端小的球形宇宙，宇宙E内从99.99%的引力开始就逐渐向斥力转变，而当转变成99.99%的斥力成分时就通过宇宙大爆炸的这种极端的运动形式转变为宇宙O了，也就是从此极快速向极大的球形宇宙转变运动，宇宙O内的99.99%的斥力又逐渐向引力成分转变，当引力所占比例达到99.99%就又通过宇宙大收缩再次回到宇宙E，由此得出全宇宙总引力向总斥力的转变必须在宇宙E内完成，全宇宙总斥力向总引力的转变又是由宇宙O内完成，这是完全可以确定的。

从整个宇宙循环看宇宙内当引力释放结束后就是斥力释放的开始，而斥力释放结束又是引力释放的开始，这就是引力和斥力之间互为因果的，这种关系是在宇宙现实中的实际显现的。

宇宙O存在形式的结束又是宇宙E形式的开始，而宇宙E存在形式的结束又是宇宙O的存在形式的开始，宇宙E和宇宙O，宇宙O和宇宙E，这两对互为因果关系的实际上是同一对，只是一个在前一个在后，另一种是一个在后一个在前，此因果关系必须在宇宙级的运动变化中才能实现，宇宙E和宇宙O之间的相互转变的标志性的显示就是宇宙大爆炸和宇宙大收缩，宇宙大爆炸完成也就是宇宙O的形成和开始宇宙O的运动变化，也就是说从宇宙O形成的那一刻开始就是由斥力向引力转变的开始，这又一次说明由斥力向引力转变的运动也是在宇宙O内完成的。宇宙大收缩的完成也就是宇宙E的形成和开始宇宙E的运动变化，这也就是说从宇宙E形成的那一刻开始就是由引力向斥力转变运动的那一刻，这也又一次说明由引力向斥力的转变运动也是在宇宙E内完成的，从宇宙大收缩和宇宙大爆炸各自形成的宇宙存在形式中体现出了宇宙O和宇宙E之间相互为原因和相互为结果。

物质和能量之间也是互为因果关系，一是物质，二是能量（在这里特别注明：物质）物质A和物质B在宇宙的两大存在形中的整个循环中是不相等的，也就是不平衡的。这是大家共知的破缺，在整个宇宙循环中物质（物质A）所占的比例极端的少，以能量物质（B）所占的比例极端的多在整个宇宙E内都是以能量（物质B）的形式存在，并且是以浓缩升华N级的能量存在形式而存在，没有物质A的存在形式，这就减少了二分之一，而在宇宙O内从宇宙大爆炸的斥力能（物质B）占99.99%以上到宇宙O临近大收缩时的引力能（物质B）占99.99%略低，而且黑洞应该归属引力能（物质B）并且也必须归属引力能（物质B）成分，而恒星属于引力能和斥力能都有的中性天体，所以在宇宙O的整个存在时期内以物质（物质A）的存在形式而存在的也极端的少。在宇宙O内物质A只是一个跳板，从斥力能（物质B）转变为物质A（以斥力为主导的物质A）再转变为物质A（以引力为主导的物质A）又转变为物质B（以引力为主导的物质B）；物质A是斥力能（以斥力为主导的物质B）向引力能（以引力能为主导的物质B）转变的跳板，从物质A与物质B变化中得出在宇宙一个完整的循环当中的宇宙O中（宇宙E内的整个循环中应该不存在这种变化运动过程，即不存物质B引力能经过物质A向物质B斥力能转变运动的跳板），而宇宙O内的物质B（斥力能）应该都经过物质A的变化，也就是由斥力能转变为物质A后再转变为引力能，从中得出宇宙E的整个循环过程中不存在由引力能向斥力能转变的物质A的跳板，也就是说不存在这个跳板，这是否也算一个破缺。此互为因果关系不如前两个互为因果关系那么贴切，这些互为因果关系也必须是自洽的和不可逆的，关于自洽的解释前面有述。所谓不可逆也就是当宇宙E内由引力向斥力转变时不可能向后倒退即由斥力向引力转变的，即引力所占比例必须逐渐减少，斥力所占比例必须逐渐增加，而是在任何条件下也不会再出现引力所占比例增加，斥力所占比例减少，绝对不会。在宇宙O内，是在任何条件下也不会出现引力所占比例成分减少，斥力所占比例成分增加，也绝对不会如此，这就是不可逆在宇宙O的实际表现。以上三对互为因果关系是，在宇宙现实明显存在的。

什么是宇宙的灵魂？宇宙的灵魂就是宇宙自然的科学生命在宇宙中自然的科学运动，也为可称宇宙的命运。解剖宇宙的灵魂，就是解剖探索宇宙自然科学的生命在宇宙中自然科学的运动，是人类探索宇宙的最高境界和最高峰，也是最难攻克的课题和目的之一。宇宙的任何时期的任何存在形式都离不开运动，离开运动的宇宙是不存在的，而且所有的运动都是物质（该物质必须包括物质A和物质B）决定的，同时也决定着物质自身的存在形式，这种自身的运动存在形式其实也是物质的一种运动，同时物质的运动也带动和决定空间和时间的运动，空间大小的伸缩即弹性就是看上去是空间自身的运动，实际上是物质的运动造成了看起来似空间自身的运动，该空间运动我们看看主要是如何运动的，空间由大到小或由小到大的变化，维度多少的变化和时空弯曲。宇宙中除了时间和空间之外其他一切都可以视为物质，包括运动，这一切也就是说是物质的变形，也是物质的其他一切存在形式，或者称物质的另外的存在形式，如：光、引力、斥力……大浪淘沙，清除劣渣，物质在时间和空间的长河中变化着N种存在形式永恒的循环下去，其中有两个最显著的运动变化就是宇宙大爆炸和宇宙大收缩，并且这都是斥力和引力作用的结果，运动就是运动着的物质或者说是物质以运动的形式存在着，这也是物质的存在形式之一。

宇宙的所有一切存在都是在时间和空间陪伴下存在的，而宇宙E也必须是在时间和空间的陪伴下存在的，只是宇宙E的存在形式中的空间和时间，由于极端大的压力下和极端的条件下不同于宇宙O的时间和空间，这极端大的压力和极端的条件主要是由引力和斥力共同作用下造成的，宇宙E的前半段时间主要是引力造成的，也就是引力在造成极端大的压力中起主导作用，而斥力起被主导作用，宇宙E的后半段时间所造成的极端大的压力中斥力起主导作用，而引力起被主导作用，宇宙E内的空间只能在推理和探讨中探索，因为我们人类现在所掌握的规律和计算方法对宇宙E内都是无效的，下面我们来探讨一二。

首先是宇宙E的空间在极端的压力和条件下变成比我们现在的空间的维度多出很多维来。我们假设将一个巨大的气球内的空气放掉，使其内部成为真空状态，此时气球收缩到很小，气球的表面即收缩又被真空缩迭出很多皱褶来，我们就可将皱褶视为维度，并且这些皱褶又紧紧裹绕在宇宙E的浓缩升华N次级物质（能量）上面，其皱褶在视界外和视界内又和宇宙E的升华N次级的物质（能量）紧紧贴在一起而形成一个统一体，并且是个极端的统一体。当然我们所探讨的只是很小的一部分，并且与宇宙E的真实的现实并不一定完全相同。

这里有一个疑问：是宇宙之外还有空间，还是宇宙之外无空间？我们先假设宇宙之外有空间来讨论，然后再假设宇宙之外无空间来讨论。如果宇宙之外有空间，那么就是说我们宇宙的有限的物质所控制的有限的空间，我们宇宙有限的物质所控制能力范围之外的空间不在宇宙的物质控制范围之内，也就是说宇宙之外的空间不能被宇宙之内的有限的物质所控制，也可以说宇宙中有限的物质对宇宙之外的空间是无能为力的。由此看来，宇宙的总物质也不是无所不能的，现在我们再从假设宇宙之外无空间来讨论。如果宇宙之外没有空间，那么说明空间向外的弹性也就是伸缩性是极端的大，是宇宙整个循环中任何弹性（伸缩性）也无法相比的，即便是宇宙的时期的任何所有弹性加起来也无法与空间的弹性相比，我们从宇宙的两大存在形式宇宙O和宇宙E中看空间大小的变化，会更突出空间的运动。

当宇宙大爆炸发生时斥力是宇宙运动中绝对的主力，斥力将物质（包括物质A和B，物质A是到了大爆炸后的一定时期后才出现的，宇宙大爆炸的初期是不存在物质A的）膨胀，使其密度减小，向外部所有方向爆炸（实际上也应该是一种运动，是极端的运动），随着物质的体积增大和分离，所占的空间也越来越大，此时也应该有随着宇宙大爆炸将宇宙内物质，时间、空间的高度统一为极端的统一体现在开始分开，将空间的极端多的维逐渐展开。我们今天的三维空间，如果照以往的说法，说大爆炸之前是无，那么也应该有高度浓缩升华N次的物质B，该物质B的总能量和我们现在的宇宙O的总能量是相等的（如果没空间是将空间完全排压出宇宙E的物质B，还是浓缩升华一部分又排压出一部分？还是将所有空间都浓缩升华在宇宙E？是浓缩升华一部分排压出一部分来吗？）时间的快慢也就是时间的变速运动其实就是伸缩性，实际上也是由于物质的运动而造成看起来似时间自身的变速运动，这就是物质所造就的引力和斥力使时间有了变速运动，这也就是时间的伸缩运动。

在宇宙E内极端的压力将时间、空间、物质三者挤压在一起，物质是在时间和空间的陪伴下而存在的，只是此时的物质浓缩升华N次级并且由此将时间和空间也浓缩升华N次级了，时间被挤压得变慢，并且是极端的慢。在宇宙E内空间变成了极多维度（用俗话讲折叠成极多的皱褶）压缩成极小的空间，并且此空间是同时间、物质这三者合并在一起的，由此看来空间的运动在宇宙的整个宇宙循环史上是存在的，从来也没有停止失一秒钟，时间的运动在宇宙的整个宇宙循环史上也是存在的，时间在宇宙的整个循环史上也从来没有停止过一秒钟的运动，这是广义相对论的基本思想。

我们认为，物质若具有超级大的质量，如果引力和斥力是相等的，那么该物质周围的时空绝对不会弯曲，此时的物质如同同样大的气球，对所在时空影响应该是相同的。只有物质引力和斥力比例失调，才能使该物质所在的区域的时空弯曲，这是确定。引力超大并且达到一定值，才能使时空弯曲，同样斥力超大并且也是达到一定的值，才能使时空发生弯曲，但是当该物质的引力与斥力相等或者基本大体相等，那么引力和斥力在此相互抵消了。这就是说该物质的质量不管多么巨大只要是引力同斥力相等其就不会造成对周围的时空弯曲。这是确定无疑的。这句话是指也不是物质所在的所有区域时空都发生弯曲，是不是什么让时空发生弯曲？是物质产生的引力和斥力所占的比例失调造成的。只有物质超过一定的密度和超过一定的质量后出现的一定级别以上的超大引力（超大斥力也会造成时空弯曲）时才能使其所在的区域时空发生弯曲。

整个宇宙的所有循环时间上没有无弯曲时空的时刻。宇宙O的初期是以斥力造成的时空弯曲为主，并且占弯曲时空的最大比例，宇宙E中的时空弯曲的最极端，尤其是宇宙E的形成初期其时空弯曲可能似极多卷钢卷在一起，物质在时间和空间中通过引力和斥力（也应该必须有斥力）大小的变化修建出归物质行走的道路。其实这两个运动（时间和空间）都是在物质运动的基础之上发生的，这也又一次证明物质决定宇宙的一切。

实际上宇宙的引力和斥力都是物质中产生出来的，而且引力和斥力又反过来控制物质的存在形式，也就是说同时也控制着宇宙的存在形式，也就从中得出时空的弯曲是物质造成的，更确切地得出是物质产生出的引力和斥力将时空弯曲的，也就是上面所提到的在同一个大质量物质中引力与斥力这两种力所占的比例失调或者说是极度的比例失调才能使周围的时空弯曲，弯曲度的大小同物质质量的大小成正比，即质量越大时空的弯曲度也就越大，而且时空弯曲度的大小与引力、斥力所占比例失调也成正比，也就是说，比例失调越大，周围时空的弯曲度也越大。

由于区域空间环境条件的不同，同一个运动的运动形式和运动速度存在很大差异（碳十四半衰期的变化运动同其他运行运动是有区别的，其他有方向性的运动速度区别，而碳十四没有方向性的速度区别，碳十四半衰期在地球上为5730年，而假设在黑洞内可能会减慢到十万年一次，而在宇宙大爆炸之前的宇宙E尤其是宇宙E的初期，碳十四半衰期的时间会更长，也就是奇点与地球上的时间差别会更大，实际上宇宙E内和黑洞内应该不存在碳十四，这只是一个比喻），这主要是由于引力和斥力大小差别太大而引起的、引力超大造成压力超大，在如此条件下所有运动绝大部分都会减慢，可能全部都会减慢，为什么超大引力造成的超大压力会使运动变得极慢？这是宇宙运动学的又一课题。

物质的运动和物质的比重一样，在如此条件下物质的比重是其速度和比重成反比，就是越慢比重越大，就是在宇宙大爆炸前（尤其是宇宙E刚形成的初期引力占99.99%以上时）最大引力造就最大压力和最大高温下的及其极端条件下也不是没有运动，而是不停地运动着，同时运动的速度极慢。宇宙大爆炸也是来自宇宙E（奇点内初期也有一个方向性的运动速度是超光速的）内部的运动，否则就不会有宇宙大爆炸，这就是引力向斥力转变的运动。那么这个由引力向斥力转变的运动是确定存在的，有运动必定是在时间的流逝中的运动，这又确定了时间的存在，而且没有不占用空间的运动，从而又确定了空间的存在，此处的时间、空间、物质和运动，有引力波和引力透镜以及时空弯曲已经被探测到了。超大引力同时也可使光速变速并且使光速的变化还具有方向性这也被证实存在。黑洞内的光线回不到视界外就是证明。

在有超大引力条件下形成的超大压力必定会形成光。该光可能同地球上的光有不同的特性，与我们银河系的光和太阳系的光也应该不同，其特性应该是超浓缩升华的光。也就是在有视界的超大引力天体黑洞内证实证明光是存在的，我们讨论看看光线（包括其他进入视界内的一切）进入超大引力的天体黑洞内为什么出不来？一切包括光进入黑洞的视界内再也出不来这一条，就足以证明黑洞的引力是超光速，因为只有引力超光速才能使光出不来。

为了更进一步证明黑洞的引力如此强大，我们假设将来有条件可制一条光线从角度上偏向黑洞成分中心进入黑洞视界内，而直线光不经过黑洞的超大引力成分的天体，如果测试的光线确定出不来，那就更进一步证明是超大引力将光线吸住而出不来的，也就更进一步证明光线向黑洞中心相反的方向是不运动的，那么一个高速运动（光速）和一个不运动之间就是慢运动也就是此时光速低于垂直黑洞中心的运动，这个低速运动的方向就是左右方向，也就是除了前后方向以外的其他方向，这就更明确的是超大引力场能够造成引力波、造成引力透镜和时空弯曲，超大引力场还能够使运动速度的变化具有方向性，而超大斥力也会造成如此多的现象吗？或者会造成如此多的相反的现象吗？根据对称性原理判断应该就是会有的回答（1）宇宙大爆炸之前的宇宙E是什么样子？我们探讨宇宙大爆炸之前的宇宙E样子是如何的？该样子是99.99%略低的斥力在球形内被0.01%的引力外壳强力包裹着，由于极强大的斥力要冲出极度强大的引力外壳，而极大的引力外壳不让极端斥力冲出来，从而使得宇宙E内由此形成极端的压力而极端的压力，造成极度的高温，同时造成极度的强光，这时由此引力外壳造成的视界是除了引力外一切都出不了这个视界，如同单独的超级黑洞（宇宙E的初期更似一个超级黑洞，因为那时是引力占绝对的主导地位，而临近宇宙大爆炸时的斥力占绝对的主导地位，而此时此刻只有一个强大引力作用的引力外壳非常吃力地包裹着占绝对主导地位的斥力，如果引力外壳占的比例再继续缩小的话，斥力就要冲破引力外壳而发生宇宙大爆炸）的样子，应该是经过六千亿年（暂时假设定为六千亿年，即同宇宙O的总运动时间相同）。为什么宇宙E内的运动极端的慢，会同宇宙O的生存时间相同？应该就是宇宙E所含的成分极端的少，也就是说在宇宙E内从引力转变成斥力所经过的环节比宇宙O内从斥力转变成引力所经过的环节少很多，而宇宙O所含的成分极端的多。

假设宇宙E内有十种成分，而宇宙O内极端多成分，从而将宇宙O和宇宙E的时间平衡到一样长短（与1%的引力同1%斥力相互转变是不矛盾的，只是从不完全相同的条件下的叙述）。

六千多亿年的极端条件下的运动发展，从大收缩完成时的极端小的体积（也是整个宇宙循环史上最极端的小，但是其视界却是整个宇宙循环史上直径最大，力度也是最强大）其体积增加大了N次倍，由所占比例极端多的比例，应该达到99.99%的引力成分转变为即将发生宇宙大爆炸时的斥力占极端多的比例，应该达到99.99%略低，此时并不是引力最强大时期，引力最强大时期是引力占比例极端的多可达99.99%的时期。超大引力和超大斥力对运动速度和光线应该都有控制效果，其控制效果主要指运动有方向性的超光速和包括光在内的一切都会变速。

　　假设光源的光线射向左右两侧各30万千米，向左侧的光线经过若干有视界的强大引力场，其光线走完30万千米要大于1秒（也可能N秒，这需要多少个引力场计算出来需要多少秒走完30万千米），而射向右侧的光线不经过强大引力场，从以往的资料推理出光速在任何区域都是不被超过的，但是通过运用以往的天文资料推理出的结论是有的区域是有超光速运动的，如黑洞内产生的引力应该是超光速的，其得到的结果是任何进入黑洞的成分都不会出来的，就是光进入到黑洞视界内也出不来这就说明其引力是超光速，尤其在超大引力场内和宇宙大爆炸与宇宙大收缩的区域和时刻，宇宙的物质有超光速的运动这是确定的，这要从宇宙中除了时间和空间之外其他的一切都是物质的或者说是物质的其他存在形式而存在，比如引力是物质中产生出来的，也可以将引力称为物质的另一种存在形式，而且黑洞里的引力和宇宙E里所有的时间段的引力都是超光速的，所以说从整个宇宙中讲宇宙的物质运动是有超光速的运动，因为引力也是一种运动，确切地讲引力也是物质的运动，并且在这些超大引力和超大斥力区域中光速和其他运动速度都具有方向性：向内和向外的速度差别极大，也就是前面所讲的垂直于宇宙E（尤其宇宙E形成的初期）的中心方向前进的运动速度是最快的，而背离宇宙E的中心方向运动是不前进的，也就是不向背离宇宙E的中心方向前进的。

宇宙E在漫长的六千多亿年中，其组成成分比宇宙O简单N倍，可能不超过十种成分或者更少（宇宙E的组成成分在其整个过程中也是有多和少的变化的）。不会像宇宙O现在这么多组成成分和这么复杂多样，当然宇宙O内的组成成分也是有多少变化的，也就是初期少和尾期少，大收缩刚完成的最初时刻中宇宙E可以将斥力成分转变成引力成分吗？如果有斥力成分肯定会将其转变为引力成分，但是还有极端少的斥力成分保存下来的，使宇宙E的引力成分特别是宇宙E刚形成完毕时占到最高比例时可达99.99%，所占如此高的引力比例是宇宙循环史上所含成分最少时刻。超大的引力能将全宇宙的总能量升华N次级，此时的总能量的体积比整个宇宙循环史上最大时刻缩小N倍，此时比宇宙O的总能量总物质所含的物质成分最多时刻少N倍的成分，比重和密度更是超级大。所谓的奇点不是一个点，更确切地讲，绝对不是一个极小的点，而应该是有一定体积的浓缩升华N次级的能量（或者不应该称能量因为是能量升华了N次级，因为没有更好的称谓，所以暂时还是称能量）球，而且是宇宙史上最圆的球状天体，也是宇宙循环史上能量最大的单独天体，该天体所存在的空间极度变形、时间极度变慢，该球状天体的体积不是一成不变的，而是由小到大而变化的，从宇宙E刚形成后的最小体积至宇宙临近大爆炸时而还没有爆炸的瞬间，是宇宙E的体积在宇宙E的历史上最大体积（该体积的增加应该是到了宇宙E总历史中的一半时才开始的，这就是说同宇宙O的膨胀后到停止膨胀再开始收缩相对应的，也就是说应该是宇宙O形成后多长时间收缩，宇宙E形成后就多长时间膨胀，这个膨胀和收缩是在各自的一半时间开始的）。

而且宇宙大爆炸也就是斥力所造就的结果，宇宙大爆炸是经过现代天体物理学确定的，有微波背景辐射和氦所含丰度及哈勃定律支持那么也就确定斥力是宇宙大爆炸的唯一决定性的原因，从而粗略说明宇宙大爆炸之前也就是临近大爆炸时的宇宙E略低于99.99%的斥力在0.1%的引力外壳包裹着而产生的超级压力而形成了超级高温和强光，此时的宇宙E体积是整个宇宙E的存在时期的体积最大时刻，从外观上看（假设人为去掉引力外壳或者人为去掉视界，假设能够看到的话）是全宇宙E的循环史上（只是低于宇宙E的形成初期）最圆最光滑的圆形高温球体，同时也是整个宇宙循环史上温度最高球体，从此为宇宙大爆炸而准备好。

回答（2）是什么力量将全宇宙的物质凝缩成一个高密度原始火球或奇点，这实际上是整个宇宙循环史上每时每刻都存在的一种运动，即引力和斥力相互转变的运动，在这里具体地说也就是斥力释放得非常干净，可以达到了0.01%的纯度以上，也是都转变为引力了，而引力所占比例纯度可以高达

99.99%以上，这种超大纯度和超强引力将物质浓缩升华成一个全宇宙唯一的能量圆球并且是全宇宙循环史上最圆最光滑的球形，也是浓缩升华N次级的能量球，它的初期视界也是宇宙的最大视界，该球形是同时间、空间、运动等一切都高度地统一在一起的。

运动与宇宙同在（包括宇宙O和宇宙E，下同），时间与宇宙同在，空间与宇宙同在，物质与宇宙同在，引力与宇宙同在；斥力与宇宙同在，这所有的同在的基础就是物质，也就是说物质的永恒存在决定了其他的永恒同在，这就是引力的力将全宇宙的总物质浓缩成一个高密度升华N次级的原始能量球或称为奇点，从中看出全宇宙的总能量都成为（高达99.99%以上）引力后，由此引力而形成的极端条件和压力，其威力之大无法用语言来形容，黑洞和宇宙E将进来的一切都同化成与自己的相同成分，而不是将刚进来的不同成分排斥出来，就是物质或者称能量产生出的引力反作用于物质，使全宇宙的总物质即总是能量浓缩升华N次级并缩小为与宇宙O最大时相比较变成了极端的小，这也是进入了宇宙E循环时期，也就是从此时开始了由引力向斥力转变的运动，该转变运动是宇宙E内最主要的运动，也就是说该运动主导主宰了宇宙E的命运，直至发生宇宙大爆炸而结束。

回答（3）宇宙大爆炸是怎样引爆的。宇宙大爆炸是这样引爆的：这就是从宇宙E形成的初期由引力占99.99%的比例运动转变成斥力占99.99%，只剩下占0.01%%的比例的引力外壳非常艰难吃力地包裹着占99.99%的斥力，当斥力冲破引力外壳的时刻就是宇宙大爆炸发生的时刻，也可以说过多的斥力和过少的引力共同引爆了宇宙大爆炸。

回答（4）谁点燃了大爆炸的导火索。也可以说从宇宙E形成时就为点燃宇宙大爆炸的导火索而准备，实际上是极端统一能量球从形成初期到临近大爆炸时其体积增加N次倍，由初期的引力占99.99%转变成了斥力占99.99%，该转变是从球的中心核开始转变，由内向外逐层转变。

宇宙大收缩刚完成时是个引力能球形体（升华最高级别），经过长期的运动变化到宇宙E的尾期都转变成斥力能了，只是有一层引力外壳，这就是斥力能球形体外面被一层引力壳包裹着，宇宙大爆炸时是一种极快速的宇宙大膨胀是由引力能，变为斥力能并且是从球体中心点开始转变，向外逐层转变至宇宙大爆炸，导致斥力冲破引力的外壳而爆炸的。

回答（5）宇宙膨胀会导致什么样的格局。格局就是引力与斥力之间的平衡与不平衡交替出现，是宇宙一个总循环的体现，宇宙膨胀会自动停止的。因为宇宙膨胀是由于斥力向引力转变的过程当发展转变到斥力与引力之间的比例达到一定程度后就停止膨胀了，再经过发展转变就进入收缩阶段，收缩很长时期之后当引力所占比例达到极端的多而斥力所占比例极端的少时就再一次进入到宇宙大收缩。

回答（6）假如是开放性宇宙格局再膨胀二百亿年或者更长时间宇宙会变成什么样？假如宇宙再膨胀二百亿年或者更长时间，宇宙会变得更大，空间平均密度更低物质的平均密度也更低引力所占比例逐渐增多，而斥力所占比例逐渐减少。当引力和斥力达到一定的比例后，也就是说斥力占被主导地位时，宇宙膨胀也就停止了。

回答（7）它会继续膨胀下去吗。其实宇宙O的存在形式是在转变运动，这也就是从斥力成分向引力成分转变，同时也是斥力释放的过程，当斥力释放到一定的程度后转变成引力，使引力占主导地位后宇宙也就停止膨胀了，绝对不会永不停止地永远膨胀下去的，大概再经过六千多亿年左右宇宙会转变成另一个存在形式宇宙E。

回答（8）一个阻止膨胀而逐渐凝缩的宇宙为何又能回到奇点。宇宙膨胀的动力结束也就是斥力基本消耗干净了而不是有什么可以阻止宇宙膨胀，如果一定要说是什么阻止了宇宙的膨胀，那么在这里也可以说是重新转变成的引力成分阻止了宇宙的膨胀，也就是斥力释放消耗完了转变成引力成分了，此时使引力成分所占的比例可高达99.99%以上就进入了宇宙大收缩，如此高纯度的引力成分将物质、时间、空间、运动等宇宙中的一切都超浓缩的极端的统一为一了，又回到全宇宙唯一单独的天体，也就是所谓的奇点。实际上是宇宙的两个存在形式之一的另一个存在形式，也是极端的存在形式，只有在宇宙O

同宇宙E的相互交替转变中才能更清楚地得到宇宙空间的运动也就是空间大小伸缩的运动。

引力的属性是吸引，而吸引的作用是其所在的能力范围内收缩，也可以使引力源自身收缩，全宇宙的一切收缩运动都是引力直接作用的结果，与斥力没有任何直接关系，和全宇宙总斥力释放结束的必然结果是宇宙大收缩，这又是进入由引力向斥力转变的宇宙E的存在形式。

斥力的属性是排斥。排斥的作用是使所在的区域膨胀包括爆炸（因为爆炸是一种极速的膨胀）也可以使斥力源自身膨胀，宇宙运动中的所有膨胀（爆炸）都是斥力直接作用的结果与引力没有任何直接关系，全宇宙总引力释放结束都转变为斥力的必然结果是宇宙大爆炸，这也同样进入了由斥力向引力转变的宇宙O的存在形式，从这些宇宙现实的实际因素得出宇宙大收缩发生的必然性，也就是说一定会发生宇宙大收缩，并且是全宇宙总循环的每一次循环（周期）都一定会发生宇宙大收缩；也是从这些宇宙现实中的实际因素得出宇宙大爆炸发生的必然性，也就是说绝对必须要发生宇宙大爆炸并且是全宇宙总循环的每一次循（周期）都一定会发生宇宙大爆炸。也由此得出引力和斥力在宇宙循环的重要性，重要到如果没有引力也就没有宇宙大收缩，而且没有宇宙大收缩形成的宇宙E也就没有宇宙大爆炸的基础，而有引力又必然有宇宙大收缩的发生，如果没有斥力也没有宇宙大爆炸，没有宇宙大爆炸更没有今天的宇宙中发生的所有自然的宇宙运动和所有的宇宙运动规律，而有斥力又必然有宇宙大爆炸的发生，引力和斥力各有一个与对方不同的特别的性质：在无任何影响的条件下，引力从引力源出来后都必须全部返回引力源；而斥力从斥力源引力出来后都不返回斥力源，引力和斥力能够改变宇宙空间的大小，也能够改变时间快慢，并且还可以改变物质的密度比重，最关键的就是改变宇宙的存在形式。也就是宇宙O和宇宙E的两大存在形式，由此可以确定地说，从全宇宙总循环上看，宇宙O内的一切没有不可以被压缩、被浓缩的，宇宙O的空间、时间、运动都是能够被压缩的，物质更是如此了。在宇宙O的所有物质存在形式都能够被压缩，包括比重最大的存在形式，当然也必须包括黑洞，从一个完整的循环周期中只有当宇宙E的最初时刻当引力所占比例最高时才是不能继续被压缩而增加比重，不管此刻是什么存在形式都不能再增加。运动能量大小排序：排第一的是宇宙大爆炸和宇宙大收缩为同等能量都参与的运动；排第二的是总星系的形成（是逐渐形成的）和运动；排第三的是星系团的形成和运动；排第四的是星系的形成和运动；排第五的是恒星的形成和运动（也包括黑洞的形成和运动）；排第六的是其他小天体的形成和运动。

第二节　斥力与宇宙膨胀

宇宙大爆炸是宇宙E内引力能释放结束后都转变为斥力能，而宇宙大爆炸前的状态是宇宙E从最初的最小体积扩大膨胀了N倍，达到宇宙E时期的最大体积，宇宙E的体积膨胀扩大就是引力释放后又转变为斥力的结果，应该是占宇宙E能量的99.99%的斥力能整体均匀冲破宇宙E的引力外壳，极端高速度向外所有方向扩张膨胀（10—32秒从宇宙E扩大到1光年。科学的宇宙天文学界论证的所谓的宇宙奇点包括黑洞奇点，现在人类所掌握的所有规律和计算方法对这两类奇点都是无效的，从天文资料中判断宇宙大爆炸的初期和宇宙大收缩到宇宙大爆炸前，其相同两类奇点有相同之处，就是所有的现有规律和计算方法都是无效的，而且宇宙大爆炸的最初10—32秒之间肯定是在宇宙大爆炸后的38万年以内）。

宇宙中的所有时期一切运动都是有规律的，只是有些规律现在没有被人类掌握。

球形宇宙E的爆炸瞬间的情景爆炸的箭头是向外，指向所有方向，宇宙大收缩是宇宙O内斥力能成分释放结束后都转变为引力能，在此之前宇宙O经历过停止膨胀，开始收缩，黑洞弥漫期，最后整体均匀从外部所有方向向内极端高速度收缩（所谓10—32秒以内的瞬间从1光年收缩成宇宙E了，也就是指宇宙大爆炸和宇宙大收缩所完成需要的时间是相同的，因为两者所使用的总能量是相同的量只是运动方向是相反的），球形宇宙（也就是前面所形成的黑洞弥漫期，全宇宙基本都是黑洞，这些所有的黑洞都集中合并为一个超级黑洞）从外所有的方向向内中心点极端高速收缩也就是宇宙大收缩，宇宙大爆炸已经确定发生过，那么按照对称性原理，大收缩必定存在，否则宇宙大爆炸也无从炸起。如果没有宇宙大收缩将全宇宙总能量极端地压缩为极小的体积而形成了宇宙E，那么宇宙大爆炸从何炸起？也就没有前面所讲的宇宙大爆炸的基础，那是绝对不会有宇宙大爆炸的，我们在这里是根据宇宙大爆炸这个结果来寻找宇宙大爆炸的基础，先不说宇宙大爆炸的原因，假如没有这个基础的存在，那么任何什么原因也不会存在的，并且宇宙大爆炸和宇宙大收缩所产生的温度和速度也应该是基本相同的，最关键的是宇宙大收缩和宇宙大爆炸是同等能量参与的宇宙中的极端运动。为什么称为宇宙大收缩？就是由于全宇宙的总能量都参与了该收缩。为什么称为宇宙大爆炸？也是由于全宇宙总能量都参与了该爆炸。

第三节　引力与宇宙大收缩

宇宙大收缩也表示任何物质的存在形式都可以合并为一个整体，当然有的是升华后或者间接的合并。假如在宇宙O内有两种物质的存在形式是绝对不能合并的，是永远也合并到一起的，人为硬要合并的话就会发生爆炸，但是宇宙大收缩时它们就不会爆炸，并且应该很好地浓缩升华，合并在一起，这就是强大引力的作用，这只是个假设，应该强调的是宇宙的总斥力释放的结束是引力释放开始的必然结果，就是宇宙大收缩，而且宇宙的总引力释放的结束又是斥力释放开始的必然结果，就是宇宙大爆炸。

现在有科学家断定说黑洞大到一定质量后，该黑洞就发生爆炸，我们试作分析。这一断定也违背宇宙大爆炸理论，如果有黑洞达到一定质量就发生爆炸这一断定理论是真实的，那么就永远不会有宇宙大爆炸的产生，因为宇宙大收缩是N个黑洞大聚会而形成的全宇宙唯一的超巨大能量的黑洞也就是宇宙E，又因为永远是在形成宇宙E之前的时间内黑洞就爆炸了，还因为宇宙大爆炸经过科学探索确定存在发生过的，所以必须否定黑洞爆炸的理论。再一个关键的不爆炸的理由是，从天文观测中得到因为宇宙运动中存在的所有的膨胀、爆炸、扩张都是斥力能排斥的结果，与引力没有任何直接关系，而黑洞内不存在将引力成分转变成斥力成分的条件，从宇宙大爆炸得出只有宇宙E内才具备将引力转变成斥力的条件，其他一切都不具备将引力转变成斥力的条件，黑洞的引力所占比例在99.99%，所以黑洞不会爆炸，并且是"一黑到底"，也就是黑洞黑到宇宙大收缩而结束自己的使命，从中得出黑洞的使命就是为宇宙大收缩作准备。

所有的天体都有质量和能量（从质量能量可转换的角度上看也是如此），有视界的天体也不例外，黑洞和奇点也是如此（有的天体需要换算，即将能量升华N次量级换算成质量），这要从几个方面来讲：一是有视界的天体，从其内部来说明，其每平方厘米的引力所造成的压力换算出来就是其质量。二是按照相对论理论质能可互换，即将能量换算成质量，在宇宙两个存在形式的转化过程中物质（物质A）和能量（物质B，主要指浓缩升华N倍的能量）是完全可以互相转化的（注意天体中心至表面的引力）压力应该是有差别的，质量的比重也不同换算时需要区别对待。

恒星死亡后变为黑洞最关键的是恒星中的斥力成分释放得非常干净，都变成引力成分了。还有就是必须达到一定大的质量，引力成分应该占99.99%和足够的质量。宇宙大爆炸是宇宙总能量基本都参与的一次运动，将来人类可以更明确地区分宇宙大爆炸与其他天体爆炸（如星系合并等），因为宇宙大爆是全宇宙总能量基本都参加的爆炸。总星系的形成比宇宙大爆炸小得多的能量，并且总星系的形成并不似宇宙大爆炸那样瞬间一次性完成后继续以后的膨胀扩张，而所有的运动都需要能量的转换（这里主要指宇宙级的运动都需要有直接的引力能和斥力能之间相互转换和参与）。

第二章 宇宙中的对称性和破缺性

第一节 宇宙中的对称性

下面讨论宇宙的两大存在形式中的几大对称性和几大对称中的破缺性。先看宇宙的两大存在形式的几个大的对称性（一能量对称性，二时间对称性。三引力和斥力之间的对称性），一是宇宙的两大存在形式的能量对称，也就是能量守恒定律在宇宙两大存在形式中转化最原始的体现，实际上宇宙的总质量（总能量）在宇宙总循环的所有时期都是不变的，这里的能量守恒也就是假设宇宙E的总能量是万亿，那么宇宙O的总能量也必须是万亿，这里的万亿必须是精确的丝毫不差的。二是宇宙两大存在形式的时间对称也就是时间守恒、指宇宙O同宇宙E的存在时间相等。三是引力和斥力之间的对称性是在运动的变化中对称的，这要从全宇宙的总循环中分析才能更好地得出引力和斥力之间的对称性。

如本书讲述过的宇宙E是由引力向斥力的转变运动，这里要说明的是全宇宙总引力向总斥力的转变是集中型的，也就是说集中于一个单独天体内，从该天体中心点开始转变为斥力并且逐渐由内向外一个球形层套一个球形层的转变，即第一球形外圆套一个第二球形层，第二球形层外圆套一个第三球形层以此向外逐层逐层的转变，这个层是立体的圆球形而非平面层；那么全宇宙总斥力向着总引力的转变是分散型的转变，后来所有分散的引力向宇宙中心点收缩，再后来整个宇宙都被黑洞们占据着给宇宙大收缩做好一切前期准备工作，然后是宇宙大收缩，经过六千多亿年的漫长变化发展，为再往后发展运动就发生宇宙大爆炸而准备着。也就是说，宇宙E刚刚形成时是引力所占99.99%的比例，在整个宇宙E内引力所占如此高的比例所形成的压力是整个宇宙循环史上最大的压力，是循环的任何时期都无法相比的，如此大而稳定的压力尤其是宇宙E的中心点的压力是最大的压力（和其他的极端条件），在这个顶级大的压力下形成了由引力向斥力的转变的机制或形容为转变的种子，开始由这个中心点转变为斥力，该转变向外层逐渐扩大，是一个层面的由内向外的转变运动，这种由引力层面向斥力层面的转变保持到引力释放得非常干净而结束，也就是到了引力所占比例为0.01%左右时而结束，这时斥力所占比例达到99.99%左右，也就临近宇宙大爆炸时就停止这种转变运动，最后通过宇宙大爆炸的极端的特殊的运动形式进入宇宙O。

　　宇宙大爆炸的瞬间用100%减去斥力所占的比例数得出的就是引力所占的比例数，这也就是原始黑洞所占的比例数。在宇宙中心成为超大视界的引力源，该比例数是固定的，即宇宙的每一次循环到此时此刻的瞬间都是这个比例数，是丝毫不差的。这就是宇宙循环规律的又一体现，在宇宙E内引力和斥力所占比例从头到尾都是对称的，也就是说宇宙E的初期是引力占99.99%尾期是斥力占99.99%。这个比例数可能不够精确，也可能大于99.99%，也有可能小于99.99%，但是引力和斥力前后所占的比例数绝对是相同的。这样引力和斥力在宇宙E整个存在期都向中间的时间推，即引力和斥力所用的时间也是对等的多少，引力是在宇宙E的前半段存在时间内占主导地位，起主导的支配作用，斥力是在宇宙E后半段的存在时间内占主导地位，起主导的支配作用。

　　宇宙O是由斥力向引力的转变，宇宙大爆炸后的初期是斥力占99.99%左右的比例而引力只占0.01%左右的比例，该比例数可能不够精确，实际现实中也可能大于这个99.99%或者也可能小于这个99.99%，在此时宇宙O由于强大的斥力造成的视界。如果当时人用视觉和仪器在外向内观测任何也看不到的，只有一天其视界内被变成可见物出来视界后才能被观察到这部分出来的可见成分。

第二节　宇宙中的破缺性

一是空间的破缺，宇宙E同宇宙O之间空间大小的差别最极端大，可能人类无法精确测量准确，其差别之大可能无法用语言文字来形容，也可能是宇宙整个循环运动过程中差别最大的破缺了，宇宙O最大时是极端的大，极端大的程度是人类无法精确描述确定的，而宇宙E最小时又是极端的小，小到人类很难彻底认识清楚。

二是所含物质（包括物质的所有存在形式下同）成分破缺，宇宙O内所含物质成分，如果我们人类仔细分析去统计的话，多的可能统计精准会很困难，也可能根本无法统计，而宇宙E内通过推理判断很容易得知就那么几种物质成分，当然宇宙O和宇宙E内所含的物质成分会在一定的范围内有所变化的，先看看宇宙E内就是有引力和斥力，再把运动算上还有空间和时间当然空间和时间不是物质，但是这两者在宇宙E是绝对存在的，再就是由引力向斥力转变转化的过程也算上，算来算去也就五六种物质成分，最多也不会超过十种物质成分，那么宇宙O内的所含成分有多少种？光地球上所含的物质成分统计起来就十分困难，全宇宙的物质成分应该会更多。

三是温度破缺。我们再来探讨宇宙O的诞生到转变成宇宙E之前的瞬间的整个循环运动过程中平均整体温度与宇宙E的整个循环过程中的平均温度差别是极端的大，也就是宇宙O同宇宙E相比之下宇宙O的平均温度极端的底，而显示出宇宙E内平均温度又极端的高。

四是视界破缺我们再看看宇宙E从头到尾除了短暂地接近零视界或者就是零视界（这种零视界存在的可能性应该不存在）外其他时间都基本以强大的视界为主导，先看看宇宙E刚刚形成时的时期其引力所占比例极端的多可达99.99%时是整个宇宙循环史上所有时期的最强大的视界，试想这是包括所有黑洞总和的视界也无法相比的大，到尾期又成了斥力所占比例99.99%左右，应该是此时的斥力形成的视界也非常的大，也就是强大的斥力穿透了引力外壳（在此我们强调引力和斥力是可以互相穿透的其前提条件就是一方比另一方所占的比例大得极端的多，极端多的一方将极端少的另一方穿透）在穿透的瞬间发生了宇宙大爆炸，该瞬间是整个宇宙循环史上斥力视界最强大的瞬间，进入宇宙O后除了初期的强大的斥力视界外到了临近宇宙大收缩的瞬间又是宇宙O内最强大的引力视界，而其他整个宇宙O的视界基本都是零散的视界如现在的暗能量和暗物质形成的斥力球形层，这球层套球层的球形层形成多层的斥力加速度，暗能量和暗物质形成有斥力视界还有黑洞形成的引力视界这些视界合起来宇宙O视界与宇宙E内的视界差别极端的多，这种差别就是宇宙O宇宙E之间的视界的破缺。

五是伸缩的破缺。当宇宙O通过宇宙大爆炸形成后仍然不停向外所有方向扩张，并且在宇宙大爆炸后的137亿年继续扩张着而现在正是加速膨胀时期，但是宇宙E却在形成后就不再继续收缩了（找出根据或者理论上的也行，黑洞就是在形成后如果没有后来进入的能量的话该黑洞是不会继续缩小的）这种各自形成自己的形状后一个是继续按照原有的运动方向而运动着，另一个却会在形成后不再继续沿着原有运动方向继续运动了在形成后就停止原有运动方向的运动，宇宙O是在宇宙大爆炸中产生的，从此向外延伸扩张，当延伸扩张的力消失后就停止向外扩张了，这个力就是斥力，当斥力基本消耗释放干净的结果也就是然后的开始宇宙收缩再到宇宙大收缩。

然而，宇宙E形成后其空间基本固定，宇宙E当引力占99.99%时就不会继续收缩了（这从宇宙中的黑洞形成后在没有任何能量进入的前提下黑洞是完全停止收缩中得到印证，宇宙O当斥力占99.99%后还继续膨胀）。这是因为向外有空间可以扩张而向内无空间可以收缩了？由此是否可以确定地说宇宙之外有空间？根据宇宙E形成后就不再向内收缩，宇宙O形成后继续膨胀，包括空间和物质的平均密度递减，使其都向外平均扩张，由此两项应该确定向内无空间可增加，即空间是固定的，那一部分没有随物质向内收缩而有多余的空间，向外能扩张说明向外有更多空间，由此也可以断定宇宙的总物质控制范围之外也就是说宇宙之外有空间吗？应该是有的，该空间是宇宙可控范围之外的，也就是说该空间是我们的宇宙是无能力控制的，其实就是宇宙的物质是有限的，而有限的物质所控制的空间也必须是有限的。

第三节　球形永动机的动力来源

宇宙这个球形永动机（包括宇宙大爆炸之前的宇宙E和宇宙大爆炸之后的宇宙O，都是同一个球形的不同时期的不同大小阶段）的动力来源于物质，主要是物质通过引力和斥力来控制和决定永动机（实际上是宇宙）的命运，宇宙大爆炸是球形向外所有方向爆炸的，物质、时间、空间、运动等一切都在这个球形的永动机内，这些都有弹性。而空间的弹性伸缩性比其他三个都大，也就是空间的弹性最大，并且是极端的大。我们现在可以确定从宇宙的两大存在形式永恒循环，交替运动变化的视角看，宇宙O也就是我们现在的宇宙中的物质的所有存在形式都可以被压缩，包括目前已经知道的密度最大比重最重的黑洞都能继续收缩压缩。又从宇宙O继续加速膨胀的角度讲，我们现在的宇宙中物质的所有存在形式没有不可以继续膨胀的，宇宙O表示宇宙中的物质、时间、空间等一切都在宇宙O内，一是物质，二是时间，三是空间，宇宙O内引力较纯的排列为：一是黑洞引力纯度可达99.99%，二是中子星。斥力较纯的排列为：一是暗能量二是暗物质。（有将暗物质归为引力成分的论述，假设暗物质存在：我坚持暗物质归属于斥力成分并且具有斥力视界的暗物质天体成分，我坚持到人类探测到暗物质并且将其定性为止。有论述：发现宇宙大爆炸初期就有暗物质，该暗物质占相当的一部分，由此看来，宇宙大爆炸初期绝大部分都是斥力成分可占比例达99.99％从而也可断定暗物质是斥力成分；实际上引力属性的暗物质根本就不存在）。

宇宙E表示宇宙中的物质、时间、空间等一切都浓缩升华N次级并且最关键的就是都合而为一了，为什么会都极端的统一了？这就是此时的引力在整个全宇宙中的所有循环时期的引力中所占比例是最大的原因，这是这个时期超级引力的威力所在，其用语言无法形容的，引力大到将全宇宙的总物质也就是总能量压缩为极小浓缩升华到最高，并且将时间、空间和物质三者最紧密地合一，形成一个整体（和宇宙O的引力波、引力透镜，及时空弯曲相比，后三项是引力威力不是很大就可以造成的）。

宇宙E也表示空间浓缩升华极端多（相对于目前人类的认识能力是无限多的，实际上是有限得多）的维度，G代表引力，Ɔ的反转过来写代表斥力，从宇宙大爆炸起在斥力的作用下空间和宇宙的一切都迅速扩大，斥力是由斥力天体产发出来的，斥力天体从宇宙大爆炸起就在减少密度，刚开始斥力天体是个整体，为什么说斥力天体从宇宙大爆炸的初期是一个斥力天体的整体？这又要从宇宙E形成的初期说起，宇宙E为什么会形成？因为是引力的作用的结果，是全宇宙所有的物质即所有的能量都转变为引力了，其引力所占比例应该在99.99％及其以上，将全宇宙的总物质即总能量浓缩升华N次也同时将其都转变为引力成分了，并且是浓缩成一个单独的唯一整体，经过N亿年的转变运动使其都变成了斥力成分，当斥力成分所占比例极端的高时，也就是说使斥力所占比例达到99.99%时就发生了宇宙大爆炸，因为宇宙大爆炸初期斥力成分只是密度降低，还没有分裂分解开，所以还仍旧是一个整体，其斥力的属性仍然是排斥力的性质，到了一定时间阶段（有论述从宇宙大爆炸后的38万年以后开始降低膨胀的速度到了七八十亿年左右开始加速膨胀，从加速膨胀那一刻之前一点就是斥力层的分裂分解的开始）开始分裂分解，由一分为二再继续分为若干层，这样斥力层与斥力层之间的斥力相互之间排斥对方，斥力叠加从而形成了加速度也就是彼此相距越远的天体之间分离的速度，也就越快，这也就是美国天文科学家哈勃发现的宇宙加速膨胀运动的现象，所以称为哈勃定律。

其宇宙膨胀的加速分离是如下这样形成的：斥力层是球形斥力层，一个球形斥力层被外面的斥力球形层包裹着，这样球形斥力层与球形斥力层相套，也就是层层包裹着，多个斥力层之间的排斥力叠加形成了外层的斥力球形加速膨胀，球形斥力层与球形斥力层之间有星系团、星系等天体，星系团和星系内的天体运动速度超过逃逸速度，而星系团和星系不分崩离析是因为斥力层的斥力压的作用帮助了其不分崩离析，而不是有所谓的暗物质的引力作用，宇宙所有的循环运动时期根本就没有所谓的暗物质存在，所谓的宇宙加速膨胀实际上也是宇宙这个球形体积在加速扩大，当然有一天这些斥力层会消失的，那么这就是宇宙停止膨胀的时刻。

第四节　引力与球形的大小变化

引力将极端大的球形宇宙转变为极端小的球形宇宙，当宇宙O扩大（此扩大只能向外扩大，向内只能浓缩空间密度不能向内扩大）膨胀到一定程度时，就不再继续扩大膨胀了，也就是停止扩大膨胀了，此时是球形宇宙的直径在整个宇宙循环史上是最大时刻，整个宇宙的整体平均空间密度最低，为什么说平均密度最低？全宇宙总物质总能量不变的情况下，全宇宙的空间最大时是不是平均密度最低？这时全宇宙的总物质的平均密度也是最低的，同时也是物质成分的种类也最多。黑洞由于密度比宇宙（体积）最大时刻时的密度高太多，黑洞的所含成分极端的少，主要以超级大的引力能为主导，其实也就是说所含几种成分。但是由此而来所引起的宇宙O的各类运动也就最多，此时也是斥力释放到被主导地位并且引力刚刚转入为主导地位。

引力占主导地位而斥力占被主导地位，引力将极端大的宇宙空间和空间中的物质都引向宇宙中心方向（该中心为全宇宙总物质的中心，而中心此时大都转为物质B），同时空间密度和物质的密度增加，空间的缩小是指整个宇宙的直径在缩小，并且由此引起总星系直径的缩小，星系团与星系团的距离拉近，星系团本身也在缩小，星系也缩小了（如银河系也在逐渐缩小）。

有论述说星系从诞生后基本不扩大和缩小，这是还没有到星系大小变化的时期，现在这个时期应该是斥力天体形成的若干层后发出的斥力将星系的整体包住了，也就是星系的外形形状，也是斥力层形成的压力的作用（星系在两个斥力层之间）使其不在迅速变化，这也是所谓的暗物质不存在的理由。应该是随着斥力成分的降低，星系的体积和形状开始变化，我们太阳系（当然太阳系存在的可能性应该没有，这里只是假设而已）也同时缩小，这就是空间的缩小，空间缩小的同时伴随着物质体积的缩小，密度增加，也就是各个天体的体积缩小，例如我们人类居住的地球直径6000千米左右逐渐缩小，其密度同时逐渐增加，也就是宇宙的所有物质都在缩小，并且都同时伴随着物质密度的增加，当宇宙O的斥力球形的斥力基本消失后就伴随着黑洞弥漫期：

一是必须是引力纯度达到99.99%及其以上。

二是只有引力能从视界内伸到视界外又返回视界内其他任何一切都出不来。

三是（以往的论点）必须有足够的质量，黑洞群体成长期开始（此时是黑洞大批生成时期，以往也有黑洞生成但是不如此集中生成），这就是球形的宇宙收缩阶段，使此球越来越小有到大收缩（所谓的宇宙大收缩应与宇宙大爆炸时的所谓32秒内扩大了一光年一样，也是32秒内使宇宙直径移动了一光年，只是此一光年是从宇宙的一光年直径大小迅速在32秒内完成了大收缩，也就是说宇宙大收缩在32秒内完成的）。

其实宇宙大爆炸10—32秒内完成一光年的移动值得怀疑，但是宇宙大爆炸同宇宙大收缩应该是同样的时间和同样的速度完成的，（只是运动的方向相反，因为这两个特殊的极端运动都是全宇宙总能量都参与的运动），宇宙大收缩时就是将0.01%的斥力成分收缩压缩到宇宙E的中心核的最中心内，这应该就是为将来将其引力转变为斥力打下基础，也可以说这就是将引力转变为斥力的种子，极小的斥力是在超大强度和比例极端多的引力将其压缩到宇宙E的引力成分中心，极少的斥力是正确的，但是0.01%的比例可能不太精确。

凡是有视界的天体其视界内必定有方向性的超光速存在，根据进入黑洞的光也出不来说明黑洞的引力是超光速的，由此推理出宇宙大收缩是N个黑洞，也就是所有的黑洞包括一切合并为一个超级黑洞，也就是奇点，即宇宙E。宇宙E内有超光速的运动（运行）方向的存在时期，而且宇宙大收缩期间也必定有超光速的方向性存在，此超光速原因是N个有方向性超光速的黑洞，引力占99.99%的比例，参与了宇宙大收缩，而从对称性原理推理出宇宙大收缩有方向性的超光速那么宇宙大爆炸也应该有方向性的超光速。

又一原因是宇宙大爆炸也是99.99%的斥力参与了该大爆炸，当然宇宙大收缩和宇宙大爆炸的瞬间所运动的速度是极快的，也可能快于或者慢于32秒一光年，这里和以上的与另外论述的宇宙大爆炸后的前38万年是无法探测到的，探测不到怎么知道扩张的速度和扩大的程度？如果是计算出来的应该是不准确的，宇宙大爆炸初期应该同奇点是一样的，所有的人类掌握的现有规律和计算方法都是无效的，其实如前面所讲宇宙的整个循环运动的所有时期都是有规律的，而且是绝对有规律可循的，只是有些规律是我们人类极端难发现和极端难掌握，所以目前这些极难发现和极难掌握的规律，人类还没有掌握或者将来人类也永远发现不了掌握不了。

宇宙运动中大概有几套规律？从决定宇宙的存在形式的关键因素只有两种出发，一个为引力，另外一个是斥力，那么就应该有一套宇宙运动的引力规律，还应该有一套宇宙运动的斥力规律，也更应该有一套宇宙运动的引力和斥力的合并的运动规律，现在人类认识的宇宙运动规律。大都是引力运动规律，当然哈勃定律应该属于宇宙运动的斥力运动规律，还有就是在宇宙O中引力和斥力基本相等的时间段左右有一套运动规律，而宇宙E内引力和斥力基本相等的时间段左右有一套运动规律，奇点是引力引起的极端存在形式，而宇宙大爆炸是斥力引起的宇宙极端的存在形式宇宙和极端的运动形式。宇宙O的初期，与奇点基本相同所以也应该是所有现有规律和计算方法都是无效的，也就是说应该有其极端存在形式的极端规律，只是我们人类还没有发现和认识以及掌握。

宇宙大收缩之前还经历过黑洞弥漫期，该时期除了超冷和超黑暗的空间基本都是黑洞，这个期间假设我们人类是存在于当时并且假设能探测到的话，应该有如下几个情景：一是临近大收缩的宇宙O，二是有密密麻麻的黑洞群，三是极冷极暗的空间。

大收缩的完成就是宇宙的另一个存在形式的诞生（宇宙一共有两大存在形式），也就是说进入了极端小的球形宇宙阶段了，该阶段当引力占99.99%的比例时是宇宙球形的直径最小的时刻，并且绝对不会再继续缩小。为什么不会继续缩小？也就是前面讲的空间只能向外扩张，向内只能压缩其密度，当引力达到99.99%不再增加引力时，其压力同时也停止增加，也就是到了宇宙E增加密度的条件的极限了，浓缩升华的进度也就停止了，所以宇宙E的密度停止增加了，就不会继续收缩了，也是宇宙E内所含成分最少时刻。为什么说此时是宇宙E内所含成分最少？这就是老调重弹，还是因为最强大的引力，说是最强大的引力是从全宇宙循环中所有时期最强大的引力，这就是全宇宙总能量也即总物质都转变为引力成分了，其所占比例可高达99.99%，如此强大的引力所造成压力和其他极端的条件同样也是全宇宙所有循环时期中最强大的，在如此强大的压力之下就连空间被极端缩小并且出现极端多皱褶，也就是说所谓极端多的维，时间被压缩得极端的慢，物质的原来在宇宙O内所含成分，最多被压缩为最少了，也就是说众多的物质成分被压缩被浓缩升华极端少的几种物质成分在此成为升华N次级的物质B成分而存在着，并且是整个宇宙循环中所含成分最少的时刻，此时的视界也是宇宙E最强大的，这就是因为全宇宙总能量都成为引力能，总引力能共同造就的视界，所以说此视界也是宇宙E内最强大的视界，并且同时也是全宇宙所有循环时期中最强大的引力视界，是否比最强大的斥力视界还大？

从宇宙的两大存在形式上看，由引力向斥力转变是在极端大的压力、极端浓缩升华、极端高温度、极端大的密度极端强大的引力造成的极端强大的压力条件下完成的，这里还有重点必须特别注意强调的是在宇宙E内由引力向斥力的转变绝对不会经过物质A（包括引力物质A和斥力物质A），同时也是在有视界的条件下由引力转变成斥力的，由于引力同斥力共同造成的瞬间接近零视界或者就是瞬间零视界除外。

而由斥力成分向引力成分的转变与由引力向斥力转变相比较而言是在极端小的压力，极端的松懈下，由斥力（物质B）转变成物质A（斥力）再转变成物质A（引力）然后再转变成物质B（引力物质B即黑洞，在这里也有是间接转变成黑洞的但最终都要转变成黑洞为宇宙大收缩备好前期）最关键的是在极端强大的斥力条件下和宇宙 E 的环境条件极速下降情况下完成的（当然从天文资料中得到斥力也有直接转为引力的）。

我们从以往天文科学推理及天文文献资料中得出宇宙内的物质是有限的，物质在宇宙内又是决定和主宰控制统治其他一切的基础，所以基础是有限的，它所派生出来和所影响与控制统治的所有一切的一切都必须是有限的也一定是有限的。

所谓的无限只是人们的一种说辞，或者是人类的一种无奈，宇宙内有些是人类无法认识清楚的，但是认识不清楚不代表无限。

试问地球上存在的所有的沙子中的沙粒总数量是有限还是无限的？说无限也没有太大的错，因为现在人类无法数清楚到底是多少个颗粒沙子，但是从严格的科学意义来讲是不正确的，因为地球现实中的所有沙粒数目的总数是有限的，只是现在的人类无能力数清楚（当然沙粒数量多少是有小的变化的）。假设全宇宙内总共有一百万亿个星系，但是人类现在只认识到一万亿个星系，就是将来到人类认识能力最强大时期也只能认识清楚二十万亿个星系，人类就将一百万亿个星系描述成无限（当然宇宙现实中的星系数量始终是在变化中的），空间和时间是由物质来决定其命运，并且主宰控制统治它们的一切，所以有限的物质绝对不会主宰控制统治无限的时间和无限的空间，有限的物质只能主宰控制统治有限的空间和有限的时间（时间和空间是永恒存在的），此有限主要指物质的所有存在形式的时间长度都是有限的（这里同物质的以引力和斥力的形式存在的，引力和斥力都是永恒的需要说明的是，引力占99.99%时斥力只占0.01%，而当斥力占99.99%时引力所占比例为0.01%）例如通过宇宙大爆炸与宇宙大收缩的形式将宇宙的两大存在形式也控制在有限的时间内，当然宇宙O和宇宙E存在时间是极端长久的，该长久也是有限的。永恒是指和物质一样永远不灭，也就是说永远存在，只是存在的形式有所不同。和有限又永恒的空间，物质也是永恒存在的。也就是说空间、时间、物质、引力、斥力在宇宙的运动中的存在都是永恒的，当然是物质的存在是永恒的而且必须在永恒的，空间内存在，大小是有限的，在宇宙现实中绝对不会有无限，宇宙直径的大小也是由物质来主宰控制和统治的，所以也必须是有限的，这里宇宙的直径大小同空间好像重叠（在这里讲宇宙球形宇宙直径与其他讲述宇宙空间好似是不同的，实际上在这里的空间和球形的直径是相同的，只是几种不同的称谓）。宇宙中的运动，引力和斥力都是物质诞生出来的，所以，也必定是有限的。

从物质不灭定律说明物质是永恒的（有些时期或情况是以能量形式或能量升华N次级的形式而存在，我们称其为物质B，也就是说有时会是以隐形的存在形式而存在）。宇宙中的一切永恒也是基于物质之上的（时间和空间除外），因为物质是永恒的，有时只是存在形式的变化，例如以能量升华N次量级的极端统一的形式存在，也就是宇宙内的一切都极端地统一为一了，这就是宇宙 E。

　　物质的永恒伴随着时间也是永恒的，因为宇宙中的所有的存在都是在时间的陪伴下存在的，所以物质是永恒存在的必然是在时间永恒陪伴的存在；同时也伴随着空间是永恒的，因为全宇宙中的所有存在也必须在空间内存在或者说在空间的陪伴下的存在，所以说空间也必须是永恒地在这里是指宇宙中的空间时间是永恒的，宇宙是以物质为主体的，该主体的存在必须在空间之内和时间的流逝中的存在；运动也必须是永恒的，因为全宇宙的总物质或者称为总能量没有不运动的，物质是运动的物质，运动是物质的运动，运动是物质必须应该有的另外一个存在形式，如果物质不运动那就是死亡的物质，更确定地说宇宙也就成了死亡的宇宙，如果是死亡的宇宙还有斗移星转吗？还有恒星以燃烧的运动形式散发发射热能吗？地球上也就无任何生命了。并且物质也决定着引力和斥力也都是永恒的……由于前面这些永恒必须在宇宙这个球形的永动机内存在着，所以宇宙这个球形的永动机也必定是永恒不灭的永远存在的。假如宇宙之外有空间和时间那么二者不受物质的影响对于宇宙来说是没有意义的，所以说宇宙内的物质决定和控制主宰宇宙内的时间和宇宙内空间，当然同时也控制主宰物质自身，该球形只是在极端大与极端小的运动变化中存在着，从这些又一次证明物质是决定和主宰宇宙中所有一切的基础。

这里最后有个疑问就是当全宇宙总引力与总斥力所占比例相比，引力占99.99%以上时，其引力所达到的范围应该是宇宙球形直线直径最大时的距离，也就是假设宇宙的最大半径是一千亿光年其引力所占比例是99.99%时的引力应该是能达到这一千亿光年的，这里指宇宙大收缩完成的瞬间其引力所占比例在99.99%时应该能够达到半径一千亿光年，还是达不到？宇宙也就是在一千亿光年的半径时开始收缩。从全宇宙的总能量都是引力的话其引力应该能达到宇宙的最大直径的距离？（时空变形了）引力吸引全宇宙的一切，这一切即包括时间、空间、物质和运动，又包括斥力，这与后面第三节讲到的斥力排斥一切，这一切即包括时间、空间、物质和运动，又包括引力是不矛盾的，不同于古代一人卖矛又卖盾者说：我这矛特厉害，包括世界上的任何东西它都无坚不摧，任何一切都会被该矛刺穿透，又说：我这盾是天下最坚固的盾，天下任何一切都可抵挡，任何一切也穿透不了该盾。一智者问？你的矛刺你的盾如何？卖矛卖盾者无言以对，这就是"矛盾"一词的来历，在此所述引力吸引全宇宙的一切是指当引力所占全宇宙的比例极端的多时，应该是所占比例达99.99%以上时或者90%左右时（此精确比例数需要计算才能确定，但引力所占比例极端的多是可以应该肯定的）吸引全宇宙的一切，这里的一切也必须包括斥力。

第五节　斥力与球形宇宙的大小变化

　　这里必须又回到宇宙E和宇宙大爆炸是因为什么原因而发生的？宇宙运动中所有的爆炸都是斥力直接作用的结果与引力没有任何直接关系，爆炸就是从中心点向外的所有方向极速扩张，宇宙大爆炸也是爆炸所以也必然是斥力直接作用的结果，又因为宇宙大爆炸与其他爆炸是不同的，该不同就是宇宙大爆炸是极端的爆炸，所以必定是全宇宙总斥力所占比例在99.99%以上发生的宇宙大爆炸。

　　我们再试想宇宙E又是如何形成的？从宇宙E极端的小分析，引力将宇宙从最大收缩到最小和所有的收缩都是引力直接作用的结果，宇宙的一切收缩都是从外所有方向向内中心点方向聚集，宇宙大收缩也是收缩也就必然是引力直接作用的结果，而宇宙大收缩又是极端的收缩所以其必然是全宇宙总引力占99.99%时发生的宇宙大收缩，宇宙E刚形成时引力占99.99%，此时所有进入宇宙E的视界的成分包括斥力成分都必须转变成引力成分（从对称角度来说，有极端少的应该是在0.01%左右的斥力成分始终存在着），如前所述这时的宇宙E的组成成分是整个宇宙E历史中直径最小时刻，这是因为全宇宙所有的黑洞都合并为唯一的超级黑洞了，斥力所占的比例极端的少，视界却是整个宇宙E历史中的直径最大和最强的时刻，此时的宇宙E的组成成分的直径也是整个宇宙循环史上最小，视界也是整个宇宙循环史上最大，此时的球形宇宙是升华N次级的能量球，也是升华最高的级别，并且是引力占99.99%的能量球，最强大的引力造成极端的条件和最强大的压力，在最强大的压力、温度升华最高等的极端条件下，从该球中心核心部位将引力成分转变成斥力成分，这种转变从中心开始逐渐向外层扩展直到宇宙大爆炸才结束。

从宇宙E形成到宇宙E临近结束是从最小直径到宇宙E最大直径地变化着，这期间还有视界接近零度的时刻，斥力将球形宇宙从最小转变成最大，应该从宇宙E的最小时刻算起，到宇宙大爆炸是极快速的扩大，直到宇宙O的停止膨胀临近收缩时是宇宙O的直径最大，时刻同时也是整个宇宙循环史上的最大时刻。斥力将宇宙从最小扩张到最大，必须从宇宙E的最小时刻算起，因为宇宙E是宇宙整个循环时期的总共两大存在形式的必不可少的一大存在形式，宇宙E在中心部位转变斥力的条件作用下使斥力逐渐增加扩大，从99.99%的引力比例逐渐下降、斥力所占比例逐渐增加，宇宙E由直径从最小逐渐扩大（该扩大应该是从整个宇宙E的存在时间的一半开始的，因为在一半时间之前斥力少于引力，所以不能使宇宙E扩大），这也对应了宇宙O从宇宙大爆炸到停止膨胀的时间，即这两个时间应该是相同的长短，宇宙E的直径扩大的同时其密度逐渐缩小，浓缩升华也再降低，密度缩小的同时视界也必定缩小，并且缩小到接近零度，到斥力所占比例达到99.99%略低时的临大爆炸时，是宇宙E的球形宇宙的直径最大时刻，我们应该接受前人经验避免类似于地心说和日心说，也就距离人类最近的，不一定是中心或者人类先认识们的不一定是在全宇宙中，即宇宙O中先诞生的。打个比方说，有一对父子两人一前一后向你走来，你先见到的人不一定是父亲，可能是儿子在前而父亲在后，所以你先见到的应该是儿子而不是父亲，现在知道所谓的地心说和日心说都不十分准确，当然这两个学说在人类认识天体宇宙学的历史中起到当时是最大的积极的作用，该作用就是将宇宙天文学从迷信的神学中拉回自然科学中。当然由于历史条件的所限不似今天这样使宇宙天文学这么靠近真实，当然今天的宇宙天文学也不是完全与自然现实相符合，这也是由于今天人类的认识能力的限制，从宇宙的总物质是有限的这个定义推理出人类的认识能力也必须是有限的，其实说到底还是人类的认识能力太低的缘故。

从宇宙运动生成银河系再生成太阳系，再生成地球到生成生物生命，又到生成古人类然后又到今天的现代人类和人类社会及其各种人类活动，这些活动中人类战争是最极端的活动，该活动就是争夺的活动，为了这种争夺的活动使人类非自然死亡极多，这种战争就是科学和科技不够发达所造成的原因，如果科学和科技发达到人类所需要的必需品都能通过科学手段很容易得到，并且还不付出太大代价，就不会有战争而为此付出那么多鲜活的生命，以后当科学科技发展到一定的高度，所有的人类战争都不存在了，将人类所有智慧能力共同应对自然灾害，如发自地球上的自然灾害，如地震、海啸、飓风、台风、暴雨、暴雪、冰雹、高寒、高热等，现在不能避免自然灾害，但是为确保人类的生命安全可以提前避开就要发生的自然灾害。

对人类来说最难应对的就是天体灾害，各种天体对人类居住的地球所造成危害是极大的，有时是灭绝性的。人类如何来应对天体自然灾害？也就是说地球大气层以外的天体对地球的冲击，有全人类预测所有的很多方法来避免天体对地球的冲击：有的是将冲击地球的天体半路上改变它的运动方向，有的是将冲击地球的天体半路上用核爆炸炸掉它，还有是要将地球移离原来的运行轨道等该天体飞过后再将地球移至原来的运行轨道，我们认为将人类居住的地球移开原来的轨道然后再归位这种方法的风险十分过大，是万万不可取的，这种将地球推离原有的运行轨道的方式有多种：

一是将地球公转轨迹向外侧推移开来避开天体的撞击，当该天体飞行过去后，然后再将地球推移到原有轨迹上来。

二是将地球轨迹推向内侧来避开天体的撞击，当天体飞行过去后再将地球推移到原来的轨迹上来。

三是将地球推移到公转轨迹的非内侧非外侧而是内外侧的平行的上侧轨道或者下侧轨道，当天体飞行过去后再将地球推移到原来的轨道上来，另外一个方法是将飞往地球的天体改变方向这种方法也十分困难，有的天体飞行速度极快，到时候可能人类来不及，并且如果质量过大推动它将很困难，唯有炸掉还容易点，但是就是炸掉飞向地球的天体该天体要是过分的大质量的也不能距离地球太近距离，否则对地球本身有可能会造成破坏那么就殃及地球上的生物生命，现在还有移民其他星球的设想，只是目前还没有找到适合人类居住的星球。

　　当斥力占99.99%那一瞬间是宇宙E的视界直径又一次最大时刻（应该同引力占99.99%的比例时基本相同是比例相同，不是体积大小相同），全宇宙的引力释放的结束表明都转为斥力所造成的结果就是宇宙大爆炸，为什么会发生宇宙大爆炸？由宇宙E转变成宇宙O？就是由于全宇宙总能量的99.99%的引力能转变成99.99%的斥力能，而且斥力能的属性就是由中心方向向外所有方向扩张，就是99.99%的斥力也就是99.99%能量都参与了爆炸并且使宇宙极端快速扩大（有论述三十二秒内宇宙从大爆炸前的奇点时扩大了一光年）斥力冲破引力的外壳，这完全都是斥力的作用。从引力占99.99%到斥力占99.99%这就是宇宙E内的最主要的变化运动，这种由引力向斥力转变的运动是宇宙E内最主要的运动，而其他运动都是伴随的运动，也就是说是在这种由引力向斥力转变运动的带动下的运动如宇宙E的直径（也应该有空间）扩大的运动，视界逐渐减弱的运动，时间逐渐由极端的慢向快的转变的运动；这就确定地说明宇宙E内是有运动的而且该运动必须是在时间和空间的陪伴下完成的所以也必须有空间和时间。

在宇宙E内的引力和斥力也应该视为是物质并且是物质B的升华形式，当然宇宙E内的运动、时间空间以及物质B与我们现在所看到的宇宙O内的运动、时间空间以及物质B是有所不同的最大的不同就是在宇宙E内它们都浓缩升华统一为一体了，当宇宙大爆炸的初期全宇宙总能量是斥力，斥力所占比例为99.99%时，（此刻牛顿定律在这里就不适用了）其斥力所达到的范围应该是宇宙的最大半径，也就是假如宇宙的整个循环史上的最大半径为一千亿光年那么99.99%时的斥力就应该能达到一千亿光年。

斥力排斥全宇宙的一切，这里的一切也必须包括引力（此时的引力所占比例极少），这与前面第二节所述引力吸引全宇宙的一切是不矛盾的。

第六节　宇宙中没有无限只有永恒

这个球形的（永动机）宇宙永远永恒的存在运动，该球形永动机的体积由最大到最小再由最小到最大这样不停地运动着这就是整个宇宙的大小交替循环运动着，该循环中有两个极端的运动发生，这两个极端的运动就是宇宙大爆炸和宇宙大收缩，宇宙大收缩的运动完成时刻代表着整个宇宙进入了循环史上宇宙的直径最小的时期，也就是由宇宙O转变成了宇宙E，而且宇宙大收缩是因为99.99%斥力转变成了99.99%的引力的必然结果，也就是说极端纯度的引力造就了宇宙大收缩，而且宇宙大收缩也可以说是宇宙大合成大统一，这就是从宇宙O的成千上万种极端多的物质成分收缩开始到宇宙大收缩的几种物质成分合成的或者合成并且是浓缩升华到最顶级为一种成分，这种成分就是占99.99%的引力成分，其他成分太少可以忽略不计，这也就是现在通常称为的奇点。

而宇宙大爆炸运动地完成的时刻代表着从宇宙E转变成了宇宙O也就是现在人们所称为的宇宙，从发生宇宙大爆的那一刻起就开始了物质成分的分裂分解，当然这种分裂分解不是一天完成的，是经过N亿年分裂今解才会完成，该完成也就是说停止分裂分解，当停止分裂分解平稳一定的时间后又开始合并了，这也就是说物质成分种类合并，由极端多的物质成分合并，逐渐合并成到最少或者接近最少时就要发生宇宙大收缩了。

由一种物质成分或者由几种物质成分分解分裂为成千上万种物质成分，这就是从宇宙大爆炸后开始的，宇宙大爆炸形成宇宙O的形式也符合中国古代的宇宙观。

宇宙大爆炸时，整个全宇宙所含的物质成分只有一种，这就是占99.99%的斥力成分，其他的所占成分极端的低可以忽略不计，从宇宙大爆炸时的一种物质成分（或者说也就是那么几种物质成分）经过137亿年发展运动变化到今天的物质成分变成了十分多的物质成分。

宇宙大爆炸时刻也是宇宙的体积极端高速扩张时刻，并且也是物质大分裂时刻，有论述说：由原子大小在10—32秒之间使宇宙的直径扩大了一光年，此扩张速度超过每秒三十万千米的N次倍（有人说宇宙大爆炸，不是如同光速直线运动没法相比）但是我们可以用数学计算出宇宙大爆炸直线运动的速度也肯定超过光的每秒300000千米的N倍，那么大收缩从对称性来讲也应该为此速度，该对称的速度是从一光年迅速（10—32秒）缩小为宇宙E的最小时刻，其对称的原因就是宇宙大爆炸和宇宙大收缩都是所有的能量都共同参与了各自的运动，更确切地讲宇宙大爆炸和宇宙大收缩所使用的能量是同样的数量，这就是全宇宙整个循环过程中两个最极度最极端的运动是对称的，其对称的根源就是同等能量的参与而形成同等时间长短内完成运动。只是运动方向相反的两个运动。

宇宙大爆炸同时也是宇宙中的物质（主要是物质B，是升华N次级的斥力物质B，此时此刻绝对没有物质A的存在，只有物质B）的密度极端高速降低的时刻，也是空间密度极端高度降低的时刻，同时也是时间的密度高速降低的时刻，时间密度降低的表现为由极端的慢向正常（也就是我们现在人类感觉的速度）速度转变的过程，此时此刻整个宇宙的物质都是高密度的斥力能成分并且由于极端极度高速的排斥而形成了强大的斥力视界，所以从宇宙大爆炸到宇宙大爆炸后的38万年之前是无法观测到的最主要的因素。

整个宇宙循环史上只有永恒，没有无限，从宇宙的整个循环史上两大存在形式宇宙E和宇宙O中探索探讨出没有不运动的，从宇宙E的形成后的膨胀开始到宇宙O的结束膨胀时刻，这整个时期都是宇宙在膨胀运动着，宇宙的体积扩大着，整体平均密度下降着，包括物质、时间和空间的密度都在下降着，这就是这个时期的运动存在。

宇宙现实中只要有存在就有运动，这些所有的运动都是物质的（就此存在形式没有不运动展开分析：时间的运动之一就是在物质运动控制下的快慢变化的运动；空间的运动之一就是在物质运动控制下的大小的变化和物质自己密度大小的运动变化），斥力排斥全宇宙的一切，这与前面的关于引力吸引全宇宙中的一切不矛盾，因为斥力所占比例极端的多时就排斥全宇宙中的一切包括排斥引力，当宇宙O进入收缩阶段后，这种收缩保持到宇宙大收缩完成时而结束。

第三章　物质主宰宇宙的运动

第一节　物质的引力斥力主宰宇宙的运动

物质主要靠自身产生出的引力和斥力来决定和主宰宇宙的命运，我们举一个不恰当的假设例子：引力和斥力对于宇宙来说就像人的呼吸，斥力相当于宇宙的呼气，引力相当于宇宙的吸气，人如果没有了呼吸其生命很快就死亡的，宇宙如果没有物质产生的引力和斥力的存在，那么宇宙的运动生命也就同时不会存在了。

宇宙运动中的物质产生的引力和斥力的传播不需要任何载体、光的传播也不需任何载体，硬要说它们的传播需要载体的话那么只有空间和时间是它们的载体，因为这些传播是在时间和空间的陪伴下完成的。

引力和斥力还可以隔物产生作用，也就是说它们有极强穿透性。引力和斥力之间是否可以相互将对方穿透？这要看引力和斥力之间的强度比例而决定的，即谁更强谁就穿透对方，这里应该是有个强多少值的界限？但是有视界的引力和有视界的斥力相互之间能否穿透？应该是不会吧？这里要问的是宇宙临近大爆炸时，强大的斥力占99.99％略弱，是否可以穿透占比例极端少的引力外壳？当斥力穿透引力外壳的时刻也就是宇宙大爆炸发生的时刻，这就是斥力穿透引力的现实实例之一。黑洞由于是极端的引力作用，其所有进入视界内成分都是出不来的，除非是极端的引力自己，所有进入视界内的成分都向黑洞中心点（方向）聚集，所有接近视界的一定范围内的成分都会被吸进视界内的。黑洞的引力强度极端的强大，在宇宙O内至今没有发现任何天体的引力强度超过黑洞引力的强度（宇宙O临近大收缩和宇宙大收缩发生的过程除外）。黑洞引力速度也是极端的高速，黑洞的引力速度在宇宙O内是人类目前所知道的没有任何天体的引力速度能够超过的，黑洞的引力速度应该是超过光的运动速度的，而且必须是超过光的运动速度才能将包括光在内的进入视界内的一切进入后都出不来的，引力速度超过光的运动速度也是产生视界的根本原因。热辐射也是进入视界内出不来的，因为热辐射永远不可能超过光速。还有就是从宇宙第一速度7.9千米每秒，这是人类发射的飞行器的飞行速度必须达到这个7.9千米每秒才能绕地球轨道飞行，也就是地球引力能力范围内的运动物体逃逸出地球引力的最低速度也就是逃逸速度，每当运动物体的运动速度达到7.9千米每秒就可逃离地球的引力；第二宇宙速度是11.7千米每秒。这里的第一宇宙速度就是地球引力速度的返回速度（略低）所以只要有引力，7.9千米每秒和11.7千米就是引力速度。

所有引力视界的引力源的引力返回速度在视界内都是超光速的引力返回速度，就是引力出来后又返回的现实表现物质主宰、决定宇宙的命运，物质的存在形式也决定时空的存在形式，实际上也是引力和斥力决定时空的存在形式，物质同时也由此引力和斥力决定着自身的存在形式，我们在此有必要重复引力和斥力都是物质中产生出来的，物质的密度，物质的显形与隐形，物质的运动形式，物质以能量的形式而存在，也就是物质的所有存在形式都可以应该是引力和斥力作用的结果，空间和时间的运动也都是物质产生的引力和斥力共同作用的结果。

我们还是以地球和黑洞为例：地球的密度也是地心引力的作用，其大气层空气密度也是引力作用的结果，黑洞的密度有论述说每立方厘米为一百亿吨，这个密度也就是引力和斥力达到了极端的比例形成了极端的强大的引力才使其密度如此极端的高，黑洞的视界也是极端强大引力造成的，这里可能有人会问没有斥力的作用？其实是斥力所占的比例极端的少其作用小的可以忽略不计。

除了时间和空间（不确定时间和空间是不是物质产生出来

的？应该不是物质产生的，但是，物质主宰控制时间和空间的运动是确定的）以外的宇宙中一切都是从物质中产生出来的，而且时间快慢也就是变速运动是由物质来决定和控制的，空间的大小运动也就是空间的密度也是由物质来决定和控制的，从以上看到宇宙中只有物质才能是决定一切和统治主宰一切的，并且同时也是决定和主宰自身的。

这就是宇宙中的最基础的自洽。简单地说就是按照自己的逻辑推演的话，自身可以证明自己至少不是矛盾的，这就是简单的自洽性。科学研究本身就是遵循自洽性的，建立于客观之上，反之则建立于主观之上，最终归属不可证伪与证明，一个不能够满足自洽性的理论或者方法显然是不攻自破的。

从以上关于自洽的论述中可以看出其论述的要点就是必须是宇宙现实的自然的各种各类运动都必定是自洽的这是确定的，人们论述宇宙的运动中的自然的各种或者各类运动也必须遵循自然中的自洽规律（这应该是一种规律）否则会是自相矛盾的错误。

物质主宰统治着宇宙中一切当然必须包括物质主宰统治着物质自己，有时物质在引力和斥力的变化运动中浓缩升华N次量级的极端的存在形式，成为看不见和无法直接探测到的隐形成分，而同时时间和空间以及运动也浓缩升华N次级成为极端的存在形式，时间成为极端的存在形式表现之一就是变成极端的慢，空间成为极端的表现形式之一，是极多的维度。另外的表现形式就是收缩为极端的小。因此，站在宇宙学的角度上研究所有的天体运动包括宇宙大收缩和宇宙大爆炸……必须时刻将引力和斥力都加入其中，因为一切的天体运动都离不开引力和斥力。这里关键是引力和斥力的比例在宇宙的一个总循环的周期中始终是在变化当中，所以人类探索和认识宇宙的所有理论和公式都必须是动态的，尤其是公式只有引力和斥力之间的所占比例数是动态的，得出的结果才能与宇宙循环现实的运动相符合，可以将《相对论》中的公式改成动态的变化，看看能与量子论结合统一起来吗？否则计算出的结果是将宇宙现实变化变成静态的，这样就与现实不符合的。

还应该特别注意引力和斥力在宇宙O和宇宙E相互转变发展运动中，其所占比例是始终在变化当中，尤其是在宇宙E中更要特别记牢的是引力和斥力也是始终在变化着的，更应该特别注重因为引力的作用而形成宇宙E，又因为斥力的作用而形成宇宙O，也就是通过宇宙大收缩的形式而形成的宇宙E，通过宇宙大爆炸的形式而形成宇宙O，当然引力会使宇宙中的物质存在形式（从极端多到极端少转变）从复杂走向简单，当大收缩的完成时刻就是宇宙走向了最简单的时刻，这是从宇宙的物质或者说能量的存在形式的多少的观点上说的。宇宙循环运动中，宇宙的物质存在形式的多少与宇宙的密度成反比，即物质的存在形式越少其密度越大，也就是说宇宙的整体体积越小。

这里有一个矛盾，人类对最简单的宇宙认识的程度比相对于较复杂的宇宙的认识程度差别极端的大？是最简单的宇宙深藏在超厚的铁幕中吗？这个超厚铁幕到底是什么？

首先是宇宙的最简单的时刻，是宇宙E形成的初期，该时期简单到宇宙所含的物质成分最少，也就是几种成分可能就是一种物质成分，这就是引力能成分达到99.99%，其斥力能成分所占比例极少，可以忽略不计，那么这个最简单的时期还有一个全宇宙所有循环时期最强大的视界，这个视界是全宇宙总物质占的99.99%比例的引力物质所造成的，该视界强大到是任何时期的任何视界都无法相比的，所以由最强大的引力造成了最强大的压力和最强大的视界才将全宇宙的总物质造就成全宇宙所有的循环时期中最简单的时期。

宇宙O和宇宙E各有两个最强的大视界时期，这两个最强的大视界时期都在各自存在形式里，即宇宙O中的生成初期，当斥力占99.99%左右和宇宙O尾期引力占99.99%左右时期其视界是宇宙O的整个时期为两个最大视界，再一个为宇宙E当中的初期当引力占99.99%左右，宇宙E尾期斥力占99.99%左右，此两个视界是宇宙E的整个时期的两个最大视界，尾期和初期的视界强度大小有极小差别，宇宙O的尾期是引力源天体的第二大引力视界；在这些所有的强大视界中宇宙E的初期当引力占全宇宙总物质的99.99%时的视界应该是排第一位的。

引力和斥力对物质的影响作用比对时间和空间的影响作用

更有效，所以我们在此再重复宇宙E的内部应该是存在空间和时间的，这里指视界内有时间和空间，（视界也是空间）其空间和时间在宇宙E（视界也是空间）成分的表皮外呈升华N次状态而存在，物质浓缩升华N次级也同时带动时间和空间（也应该同时带动宇宙E内的运动，在这里运动被浓缩升华会是怎样的？也应该是极端慢的运动，该慢是与现在的运动相比而言）浓缩升华N次量级，宇宙E的尾期是斥力天体的第二大斥力视界（注意这里有一个引力外壳其斥力视界是表现不出来的，必须将引力外壳人为假设去除掉来看斥力视界）。

宇宙O中有引力视界的天体——黑洞，也必然有斥力视界的天体，暗物质就应该是有斥力视界的天体，宇宙O中的斥力视界的天体现在至以前和以后很长时期内比引力视界的天体多N倍，因为斥力所占比例是96%，但是引力源视界和斥力源视界是有很大区别的：前者即引力源的视界是从视界外向视界内看不到但是从视界内向视界外是看到的，后者即斥力源的天体是从视界内向视界外和从视界外向视界内都看不到的，也即一个是单向视盲，一个为双向视盲。

现在我们再就斥力源形成的斥力视界来探讨，在有极端强大的斥力源外围也应该有一个视界，该视界强大到任何的一切都被强大的极端的斥力排斥在视界之外，也就是任何的一切都进不了视界之内，只有强大斥力不断出来，至此由于是任何的一切都进不了视界之内，由此也确定了宇宙运动中的有斥力视界的斥力源天体的总能量只能减少不能增加，所以从视界之内向外是一切都看不到的，还是因为一切都进不了视界之内包括光，所以视界之内的一切从视界之外也是看不到？需要进一步再推理论，这就是斥力源造成的斥力视界是双向视盲的原因所在。当然这同引力视界一样只是理论的推理实际上宇宙现实中由于极端强大的视界内有极端强大的压力和极端强大的高温人类所造就的任何仪器也是无法存在的，并且又因为是一切都进不去，将来有一天人类会发展到高度科技文明能够直接探测到引力和斥力吗？（当然地球上应该是引力占主导地位）如果人类研究宇宙天体运动，把宇宙现实存在的固有规律定律丢掉至少一半的规律，只有万有引力定律公式而无斥力的定律公式，宇宙现实存在的应该是有一种引力和斥力合二为一的一种定律或者规律吗？也就是说有万有引力也更应有万有斥力？因为从宇宙O形成后至今和以后很长一段时间都是斥力占主导地位。这就是在宇宙O的整个存在时间内应该有一半时间是斥力占主导地位，另一半时间是引力占主导地位，这也就是说前一半时间是斥力占主导地位，后一半时间是引力占主导地位。那么70%—96%的宇宙都被忽略掉了，不能说4%—30%的宇宙就是不完全正确的，但是应该确切地说是对整个宇宙来讲是不完整和不完美的，也很有可能在某些方面是否存在严重的错误？因为现在斥力在整个宇宙中和引力相比之下所占比例高达70%—96%以上。

引力引起一系列规律定律，那么斥力也一定会引起一系列规律定律，引力同斥力也可能会合并引起一系列规律定律来，我们人类所认识的天体运动规律大多数都是在宇宙O中的规律，而对于宇宙E内也就是宇宙大爆炸前的宇宙的规律认识得极端的少，但是宇宙E必定也一定会有一套自然的运动规律有待人类来认识和掌握，就看人类的智慧能力在多久时间内认识清楚。在这里有必要强调一点就是引力和斥力在比例数量上始终是在变化当中，有时数量差别是极端的大，只有在一个完整的宇宙循环周期中才能清晰地分出引力和斥力在数量上也是完全对称的。

宇宙E刚形成时是引力可占99.99%左右应该略强，而到了临近宇宙大爆炸时是斥力可占99.99%左右应该略弱，宇宙大爆炸的极端大的强大斥力运动可达极端的远，也可以称为整个宇宙循环史上产生斥力作用最强大的斥力，宇宙O刚形成时是斥力可占99.99%左右应该略强，到了临近大收缩时是引力可占99.99%左右应该略弱，宇宙大收缩的极端强大的引力可达极端的远，也可以称为整个宇宙循环史上产生引力运动作用最远的引力。

从宇宙级的运动中看出，全宇宙总引力和全宇宙总斥力都是释放自己的能量，而且释放得非常干净，其纯度可达0.01%，然后至99.99%的能量被释放和转变推动宇宙的运动，当全宇宙的总引力释放得非常干净，其纯度使其所占比例达

0.01%左右时，而全宇宙的总斥力所占比例达99.99%左右时就发生宇宙大爆炸而进入宇宙O，当全宇宙的总斥力释放得非常干净，其所占比例达0.01%左右时，而全宇宙的总引力所占比例达99.99%左右时就发生宇宙大收缩而进入宇宙E，由宇宙E向宇宙O转变或者由宇宙O向宇宙E转变也是同一个球形宇宙，宇宙O同宇宙E是同一个球体不同大小的不同时期，为更好展现宇宙E同宇宙O共同拥有一个球形体，所谓的宇宙E就是唯一的天体即全宇宙的总物质也就是总能量集中浓缩为一体，而不似宇宙O成为N个天体，也就是将全宇宙总能量分散开的存在，所以现在说只有万有引力规律却没有斥力规律，使万有引力在宇宙的运动的正确性不太完美，而宇宙大爆炸之初就更不那么完美，因为宇宙大爆炸之初引力所占比例太极端的少，而且现在也不是所有的区域空间都是引力占主导地位，从全宇宙来讲是斥力占据主导地位。

从现在全宇宙这个整体来讲，现在是斥力占主导地位，而斥力所占主导地位的区域空间不能说是万有引力而必须是万有斥力，是否应该这样定义：万有引力斥力（或称为万有斥引更贴切，因为在诞生生物生命的宇宙O内最先是斥力占绝对主力，是斥力首先主导宇宙O的命运，也就是说主导宇宙O的运动）。

宇宙E只有全宇宙的总引力与全宇宙的总斥力相比较才能分析出来其中有运动，宇宙E的初期是引力所占比例在99.99%

以上，而末期是斥力占99.99%，这个期间是没有任何生命存在的，也就是说宇宙E中是没有任何生物生命的，可以确定在整个宇宙循环的一个周期中（从宇宙O诞生开始至宇宙E的结束为宇宙循环的一个完整周期）存在生物生命的时间太短暂。

　　宇宙E由于全宇宙都是以极端的能量升华N次级的形式存在，并且是极端的小，压力极端的大，温度极端的高，这些最极端的环境不具备生物生命生成和生存的任何条件，由此而没有任何生物生命，就是在宇宙O内其生物生命也不是从头至尾的整个时期都存在，起码宇宙O的初期和尾期绝对不会有生物生命的存在，现在我们来作讨论。

　　宇宙O的初期也就是从宇宙大爆炸起的宇宙O形成后高速膨胀，温度又极高，任何生物生命在如此条件下也无法生成和生存，而只有当宇宙O运动发展变化到了一定的时期后，才具备了生成生物生命所需的条件，这从我们人类生存的地球上判断推理出生物生命应该在全宇宙是斥力占绝对的主导地位，其中的个别区域是引力占主导地位，其引力所占比例既不能过多，也不能过少，必须是在一个恰好的比例范围内，将来人类会测量出生物生命诞生和生存区域内的引力所占的比例，且该区域周围不能有过大的引力天体，比如不能与黑洞靠得太近，也就是说必须有一个安全距离，这就像人类不能步行在距高速运行的列车过近一样，否则会危及人的安全。从以上分析得到的是：宇宙是双面的。对于生物生命来说，宇宙既产生生物生命，又到一定时期将生物生命消灭掉。

而宇宙O的尾期也就是末期，由于除了极端多数量的黑洞和超黑暗超冷的空间外，其他天体极端的少，到一定时期就没有其他天体了，所以在如此条件下任何生物生命都灭亡了。宽泛地讲宇宙的总物质（也就是总能量，包括浓缩升华N次级）本身固有的两个基本属性：一个固有属性为引力属性，另一个固有属性为斥力属性。由于物质的两个固有的基本属性所决定的宇宙的存在形式也只能有两大存在形式，也就是宇宙O和宇宙E。

根据两个强大引力源如黑洞之间在有条件的情况下会产生引力波，那么两个强大的斥力源在有条件的情况下会产生相反的还是类似的什么波？应该会有斥力波的，实际上单个强大引力源或单个斥力源也可以产生引力波或者其他。为更好地理解，才以两个强大的引力源为例，也是为更好地理解才以两个强大的斥力源为例，并且在有条件的前提下会有旋涡的存在：当两个以上的强大引力源在同一个水平面上，并且它们之间的距离也正好适合时，会使它们之间的区域内产生旋转的旋涡，该旋涡内如有天体或者星系时会更明显显示出旋涡来，此旋涡内的物质、空间和时间也肯定与非旋涡的存在形式是不同的，这如同被科学家推理出来并且又被科学家发现的宇宙运动中确实存在的引力波、引力透镜及时空弯曲一样，时空在此旋涡内是扭曲的并且是与旋转方向呈垂直方向突出去，是两端突出，这是极高速旋转的因素造成的结果，物体的形状在条件具备下也会改变成如此。两个以上的强大斥力源如果在同一个水平面上，并且它们的距离刚好适合也能产生出类似的旋涡来；一个强大引力源和一个强大斥力源混合，也同时在一个水平面上且它们的距离也刚好适合同样会产生旋涡的，这种旋涡的旋转速度应该比上述其他旋涡旋转的速度更快，最快时刻应该是整个宇宙循环史旋转最快的如此大面积的旋涡。所有的超弦和所有的维都是在引力和斥力的基础之上存在的。同我们人类正常观察到周围的三维空间特别不同，会多出非常多的维度来，多出非常多的弦来。引力和斥力好像宇宙间纵横交织的网，并且是立体网而非平面网，是引力和斥力纵横交错形成的立体球形网占据着整个宇宙空间，而其他所有一切都似挂在网上，包括物质也似挂在网上。这就又体现了物质产生出引力和斥力，而引力和斥力又返回来主宰、造就、统治物质的存在形式。在宇宙运动中，两个属性之间不是引力占主导地位，就是斥力占主导地位，二者比例相等的时间非常短暂（和主导地位相比以及和整个宇宙的全部循环时间相比），在宇宙O内不存在引力占50%和斥力占50%组成的100%百，因为除了引力和斥力之外还有中间成分，而在宇宙E内有引力占50%同时斥力占50%的存在形式，因为在宇宙E的整个时期物质存在成分极少，也可以说在宇宙E的整个存在时期不存在除了引力和斥力外的第三种物质存在形式，就是有也是极少，应该低于0.01%因此可以忽略不计（以下都将以引力和斥力单独论述宇宙的运动，其他因素不考虑，另有说明除外），宇宙O所有能量的总和与宇宙E所有能量的总和是相等的，这是能量守恒定律在宇宙总能量上的体现，而且也是必须守恒的，实际上宇宙现实中的总能量每时每刻都是不变的，所变的只是以物质（能量）的N个存在形式而存在的，我们已经将除了空间和时间以外的其他一切都归为物质的存在形式，只有宇宙O的形成初期和临近大收缩的尾期是比较集中的能量而存在的，并且宇宙O的初期是以集中的斥力能量为主导的，斥力所占比例可达99.99%左右，宇宙O的尾期是以集中的引力能量为主导的，其所占比例可达99.99%左右。

宇宙O的后一半时间到宇宙大爆炸之前宇宙E的前一半时间是引力占主导地位，宇宙E的形成初期引力所占比例可达99.99%左右，而宇宙E的后一半时间到宇宙O的前一半时间是斥力占主导地位，宇宙E临近宇宙大爆炸的尾期斥力所占比例可达99.99%左右。在这里我们再重复地论述一遍：宇宙O的形成初期为什么会是斥力占主导地位，其所占比例可达99.99%？这是从宇宙大爆炸中来的占如此高斥力比例，因为宇宙大爆炸必须是斥力所占比例极高才能发生。那么宇宙O的末期又为什么是引力所占比例如此极端的高？这是经过N亿年的发展变化，由斥力能释放斥力，然后转变成引力能，当斥力释放得非常干净后就都转变成引力成分。以同化原理应用到宇宙运动，尤其是极端条件下的宇宙运动，其理论应该修改为：黑洞是使所有进入黑洞的成分都必须转变为引力成分，包括斥力成分也必须转变为引力成分，当然应该有占比例极低的斥力始终伴随着黑洞的存在而存在，但是黑洞不具备将引力成分转变为斥力成分此为宇宙E最大的区别。宇宙E可以将斥力成分转变为引力成分又能将引力成分转变为斥力成分。大收缩刚完成时引力成分，占99.99%或者更多，宇宙中的所有收缩都是引力直接作用的结果，与斥力没有任何直接关系，宇宙大收缩是极度收缩，所以必须是占99.99%及其以上才能发生宇宙大收缩，从黑洞中的引力所占比例可以推理出来，《上帝的方程式》一书第147页说："在宇宙诞生的最初时刻中的量子涨落被认为是形成物质气泡的原因，然后当宇宙膨胀时，这些气泡逐步扩大，由引力而产生的宇宙中物质的相互吸引形成我们现在观察到的星系团和星系墙。"但是，当科学家们试图解释这些星系内的引力效应是使这些星系聚集起来的力时，一种神秘的不一致性使他们陷入了困境。书中所讲的困境应该就是斥力，而且斥力和引力所占的比例是永远在变化中的，确切地说，引力和斥力合起来共占99.99%乃至100%。

宇宙中引力和斥力交替占主导地位，这里所说的宇宙诞生应该为宇宙O的诞生，这是由宇宙E经过宇宙大爆炸的形式转变为宇宙O的。该书第125页又说："在所有的物质上有某种宇宙斥力在起作用，因为它们彼此间正在飞离，根据方程解这种现象本身只能在大距离上出现，为什么只能在大距离上出现？因为最关键是在小距离内存不下两个以上的斥力层，所以只能在大距离上形成哈勃定律。"这就是说，宇宙运动中的所有膨胀都是斥力（无论斥力是如何产生的）直接作用的结果，与引力没有任何直接关系。根据哈勃定律，距离越远，彼此分离的速度也就越快，距离与速度成正比，这就是宇宙O形成初期的全宇宙总能量是一个单独整体，正在快速膨胀，其密度也同时快速降低。这时的能量是所占比例在99.99%左右的斥力能，这样高纯度的斥力能经过（科学家探索并论述：大爆炸到70亿年左右宇宙膨胀的速度降到了最低，然后又加速膨胀，开始加速膨胀，就是开始分裂造成的）137亿年左右的运动发展释放到今天由初期的一个整体的斥力能分裂为现在的N个球形层，N个球形层是一层套一层的整体均匀分布存在着，因为宇宙从整体上是均匀的，这些层与层之间的斥力相互之间的排斥叠加而形成的宇宙加速膨胀就是哈勃定律的现实存在。该书第132页还说："时空的弯曲随物体质量的增加而增强，因此当整个宇宙被浓缩在一个非常小的范围，空间的弯曲程度就极高，当整个宇宙被浓缩成一个点时，时间就终止。"在这里我们特别探讨关于时空的弯曲度随物体质量的增加而增强。这个定义不准确。假如该物体的引力和斥力刚好相等，其质量再大对本物体周围时空也造成不了弯曲，因为在这里引力和斥力相互抵消了，所谓的时空弯曲是由于该区域的时空被所在的物体中所含引力成分与斥力成分之间比例失调造成的。（当然也必须是一定大的质量的物体）也就是说，引力和斥力之间的比例悬殊而形成的时空弯曲，这就是该物体的引力所占比例极高和该物体的斥力所占比例极高，这二者都会使该物体所在的时空弯曲。当物体的引力成分和斥力成分的比例相等，其对外的引力和斥力接近零的影响，所以在这里，引力和斥力所含比例不能相等，要么是引力所占比例高，要么是斥力所占比例高，因为引力和斥力大到一定程度后都可以使时空弯曲，而不是只有强大的引力使时空弯曲，也就是说强大的斥力同样也可以使时空弯曲的。我们认为实际上不是时间终止，而是时间减慢，是极端的慢。我们为什么会说这时的时间不是终止，而是时间减慢，并且是极端的慢？我们就使用人们看不到的事实来证明。这里就是指宇宙E的时间，宇宙E刚形成时是引力占据极高的比例，其所占比例可高达99.99%，那么到宇宙大爆炸时却是斥力占据极高的比例，所占比例可高达99.99%，这里99.99%的引力到99.99%的斥力之间是不是发生了运动转化？这里可以确定发生了转化，那么转化是在时间流逝的陪伴中发生的吗？这是肯定的，这就是全宇宙整个循环过程中一切的运动都必须是在时间流逝的陪伴下发生的，这就足以证明宇宙E内是绝对有时间的，由引力向斥力的转化也必须是在时间流逝的陪伴下完成的，所以也就否定了时间终止的发生，也就是说没有时间终止，只是时间变成极慢的了，当然这里发生的这种时间同物质、空间都浓缩升华N次级也是整个宇宙循环史升华到最高级别了，成为一个统一的整体，并且是极端的统一了。

该书中又说：因为这个点上——时间的奇点——质量、密度变成无限。质量的密度应该是有限的，因为宇宙的总能量是有限的，有限的总能量只能造就有限的密度，绝对不会造就出质量、密度的无限来，只是质量的密度极大而已，因为是全宇宙总能同时造成的质量密度。该书中还说：结果时间和空间的方程不再适用。在奇点处无法定义时间。这里无法定义时间怎么又认为无时间？既然无法定义时间，也就无法确定有时间和无法确定时间终止与否？既然无法定义时间，也就无法定义空间，所谓的无空间又是从何定义的？这个想法促使勒梅特将宇宙的开始描述为，没有昨天的一天。

该书第132页说："史瓦西半径是不归点，一超过黑洞的这个不可见的史瓦西半径而落入黑洞的任何物体或光线将永远消失（这就说明超大引力场能力范围内的运动包括光的运动在内都是具有方向性的，也同样说明黑洞视界内的引力速度是超光速的，宇宙运动中所有的收缩塌陷都是引力直接作用的结果，与斥力没有任何直接关系，黑洞是极度引力造就的）所以引力所占比例必须是99.99%以上。"

彭罗塞证明了就在黑洞的中心处有一个与众不同的点，这个点就是时空奇点，在这里，曲率无限，时间不再存在。此处所说的证明黑洞中心点曲率无限，时间不再存在。我们就此分析探讨。时间不存在？如果被黑洞吸入的成分由视界向其中心方向迅速降落需要时间吗？黑洞视界内有运动吗？超大引力从黑洞内冲出视界以外需要时间吗？这超大引力又全部返回需要时间吗？如果有运动它需要时间吗？现在我们可以明确地说其视界内绝对有运动，否则被吸入视界内的成分是不变的。就是不变，也会引起视界内的变化，超大的引力出来后又返回去，也是一种运行，这是确定的，只有超级引力这一项就足以证明黑洞内是有运动的，那么根据宇宙的所有运动都需要在时间流逝的陪伴下推理出黑洞内必然有时间，因为黑洞也是在宇宙内存在的一种天体，而且宇宙中的所有存在和所有存在的运动又都必须是在空间内存在和运动的，所以说黑洞必然有空间，只是该空间与我们现在的空间有所不同而已。这个奇点占用空间吗？而时间去哪里了？这里应该理解为时间被浓缩升华了，应该是被升华为极端的慢速了，慢到人类难以想象的速度，实际上在黑洞内的物质、时间和空间都浓缩升华为一体了，是极端的浓缩升华了。

证明黑洞和宇宙 E 内有时间和空间：

一是从物质（包括物质所有的存在形式，在这里主要指浓缩升华 N 级的物质）的所有存在都必须在空间和时间里存在。

二是所有的运动都必须在时间和空间里运动。

凭以上这两项中的任何单独一项就足以证明黑洞或宇宙 E 里是有时间和空间的。

如果碳十四在如此环境中的半衰期可能为上万年或者更长而不是数千年，此条件下的空间如同超巨型的气球被浓缩升华为N次维度，也就是科学家们推测的五维六维十一维，如果有一天经过N亿年的宇宙进入大收缩，那么此黑洞是否也是经过N亿年同时进入大收缩？我们认为是同时进入大收缩的，这是必然的，因为宇宙大收缩是将宇宙的一切都收缩在内，最关键的就是黑洞的总能量是有限的，其有限的总能量所产生出的曲率必定是有限的，只是极端的大而已。

又，说明该黑洞只对其势力范围内即视界内起到无的作用（此作用的无，应该是极端的慢速，而不是真正的无）的变化。时间去哪里了？时间是和空间和物质（包括浓缩升华N次量级的能量）最紧密，也就是密度极端大（黑洞比宇宙E差N个级别）黑洞的紧密程度只能排在宇宙E之后，是宇宙E的最初阶段的第一，也就是说，宇宙E内的引力占比例在99.99%时排第一）地统一在一起。我们认为三者统一在一起，而且是极端地统一。

该书第133页又说："在黑洞中心（和在宇宙的起始点）所有的法则无效。"足以证明不是所有的自然科学都可以用法则套公式计算的，这也就是说明只能用逻辑去推理，尤其是宇宙天文学中的宇宙循环发展史上的某些阶段必须依靠逻辑推理来论证了。实际上宇宙现实任何阶段任何时期的任何情况都是有法则的，也就是说，一切运动皆有规律！没有无规律的运动。

黑洞和宇宙的起始点也是运动，或者说是运动的某个极端特殊阶段，所以黑洞和宇宙E的起始点也必然有规律这是确定无疑的，只是我们人类没有发现，人类可能也不会发现宇宙运动的所有规律法则，可以确定人类目前所掌握的所有法则也都是无效的。既然所有的法则是无效的，那么又怎么计算出来的曲率是无限的？又是怎么算出来时间是终止的？由此又再次断定时间是终止的结论，需要再探索，所谓曲率是无限的也需要探究。我们认为所有理论，包括数学、物理、化学等，如果应用到宇宙天文学，必须与宇宙天文学（关键是同现实的宇宙相符合）相符合，否则所有的理论就不应该用于宇宙天文学。有限的物质永远不会有无限的引力，其相对于人类的认识能力可能是无限的，但是现实的宇宙中的引力即是引力和斥力相比较所占全宇宙99.99%的比例时，引力实际上也是有限的，只是引力极端的强大。

宇宙中物质产生的引力强度和引力的速度成正比。即，引力强度越大，引力的速度也就越快，强大到将时间、空间和物质三者最紧密地收缩在一起，成为一体，让人类误认为时间终止，同时也让人类误认为空间不存在。时空的曲率怎么会变成无限？有限的物质产生出的引力也必须是有限的，而有限的引力所造成的时空曲率必定是有限的，只是时空曲率变得极端的大，大到人类无法想象的地步。并且"时间终止"，确切地讲应该是时间极端的慢，而绝对不是时间终止，时间是永恒存在的。

我们认为应该是至今人类无能力发现宇宙中的全部法则，其中就有适用于黑洞和宇宙E的法则，人类只能发现和记录自然科学（包括宇宙学）中的法则定律，而不能创造自然科学中的法则定律。请大家想想是这样吗？否则我们的这个疑问应该是错误的。1.物质（包括能量浓缩升华N次量级）；2.时间；3.空间（时间和空间都浓缩升华N次量级了，空间和球状形宇宙以及宇宙直径应该为同一个现实的不同称谓）；4.运动；5.引力；6.斥力。这六项（再加上宇宙自身的球状形，这里与空间是重叠的）确定比宇宙O（指从宇宙大爆炸至今，本书所述的所有的宇宙O都是如此，另有说明者除外）的存在时间长N倍，这实际上是确定的，以上六项和宇宙自身的球状形也都是有弹性的，也就是有所谓伸缩性，从以上看出宇宙O中没有弹性，即没有伸缩性成分是没有的。从宇宙的两大存在形式的循环运动转变来讲，宇宙O也就是我们现在的宇宙中的一切没有不可以被压缩（浓缩）的。时间和空间都可以被压缩浓缩，全宇宙的总物质、总能量都可以压缩（浓缩）成单独的一个整体，体积极端小，也就是说全宇宙被压缩浓缩成一个极小的体积，这就是极端的引力造成极端压力而形成的极端的威力。

我们知道宇宙O诞生于137亿年以前的一次宇宙大爆炸，那么物质、时间、空间、引力、斥力、运动和球形宇宙在宇宙大爆炸之前的宇宙E（所谓的奇点）就存在，只是它们极端浓缩升华为一了，也就是极端的统一了，试想宇宙中的一切存在都必须是物质的存在，这当然包括物质任何存在形式，而且物质的存在又必须是在空间和时间的陪伴下存在，所以宇宙大爆炸之前也就是宇宙E内肯定既有物质，也有时间和空间，并且是运动的，这也就是说，从宇宙E形成到宇宙E结束的整个宇宙E的循环过程中或者叫作宇宙E的存在过程中从头至尾就存在着时间、空间、物质和运动，只是它们的存在是极端统一在一起的存在，这里的运动非常单一，也就是说，运动形式或者运动种类极少，而且所有的运动都是在引力向斥力转变的运动中控制和主宰的运动，如宇宙E所含成分密度减小的运动，所含成分体积增大的运动，所含成分比重减少的运动（实际上是和密度相同的），宇宙E的视界减少减弱的运动，等等。一切的运动都是在引力向斥力转变转化运动基础上的运动，由此又一次证明宇宙运动中引力和斥力相互转化运动在所有运动中的重要性和基础性，也就是说，没有引力和斥力之间相互转变的运动就没有宇宙中的一切运动。这就表明引力和斥力之间互相转变转化的运动，在宇宙循环运动中是最基础的运动，所有的运动都是直接或间接在此基础之上的运动，并且最主要的运动也是自始至终的运动，就是由引力向斥力（斥力向引力）转变的运动。由此得出：引力和斥力相互转变的运动规律是宇宙运动中第一运动规律。

在这里，我们根据天文资料中所论证的宇宙现实发现宇宙的一切都有密度伸缩的存在来讨论光线和引力斥力的密度：光线的密度同光的亮度成正比，即光线的密度越大那么光线亮度也就越大；引力的密度同引力的强度和引力的速度成正比，原始黑洞不比宇宙O的存在时间短，单就组成原始黑洞的成分来讲，比宇宙O的存在时间长，这是确定的，因为原始黑洞是宇宙E的外壳，此外壳是在宇宙E刚形成时就存在的，并且绝对带有宇宙E形成过程中的初期至宇宙大爆炸时间段原始信息，可惜人类目前还无法读懂这些信息，不知道人类将来是否有能力和智慧解读原始黑洞所承载的宇宙大收缩时的信息。由此确定原始黑洞的组成成分的存在时间最少也等同于宇宙E的存在时间加上宇宙大爆炸至今的时间。可能有人会问原始黑洞为什么要从宇宙大收缩刚结束后、宇宙E形成的最初时刻算起，因为宇宙E形成后引力所占比例极高，应该达到99.99%，这时从宇宙E的球形中心开始由引力向斥力转变，在宇宙E的整个存在时期引力除了向斥力转变外不会向其他方面转变，所以引力的转变性质应该是固定不变的。当宇宙发生大爆炸后被斥力冲破的引力外壳又重新聚集在一起，形成了原始黑洞，这种原始黑洞与宇宙大爆炸后其他天体转变成的黑洞有着本质的不同，其不同之处就是原始黑洞带有宇宙大收缩的信息，但是由其他天体转变成的黑洞则应该没有宇宙大收缩时从初期到宇宙大爆炸时的原始信息，即便有宇宙大收缩的信息也是极端的少，并且与原始黑洞中存在的宇宙大收缩初期至宇宙大爆炸这个时间段的原始信息是不同的。所谓黑洞中的奇点应该是个大统一场：物质、时间和空间三者统一场，而且是个极端的统一场，极端到三者最紧密地合为一，时间变得极端慢（绝对不是所谓的无时间），空间极端的小，此空间变成了极端多的维（也绝对不是所谓的无空间）。该书第140页说："当空间膨胀时，相对接近星系以比那些离开得更远的星系低的速度彼此分离。任何两个星系分离的速率与它们的距离成正比。这就是哈勃定律。"哈勃定律在宇宙整个循环中不会永远适用是确定的，首先哈勃定律在宇宙E内是不适用的，这就去掉宇宙整个循环周期的二分之一。又：就是在宇宙O内当斥力和引力相比不再占主导地位，而是引力占主导地位后宇宙停止膨胀之前就不会加速膨胀，那一刻同时也就不适用哈勃定律了。

那么哈勃定律在宇宙现实中是如何发生的？宇宙所有的膨胀、爆炸、扩张都是斥力直接作用的结果，与引力和其他因素没有任何直接关系。哈勃定律中，距离越远，分离的速度越快，从宇宙大爆炸至今96%和大爆炸之后宇宙的扩张速度逐渐减慢，到了大爆炸后七八十亿年之间突然加速膨胀（有论述只占70%多暗能量为斥力成分）。以上为斥力成分推断出的答案就是：斥力天体从宇宙大爆炸时的一个整体，一开始密度极速减低和体积极速膨胀增大，到一定程度后，开始分裂成两层球形斥力层。这两层球形斥力层是套在一起的，即一个球形斥力层在另一个球形斥力层之内，然后随着时间的推移再分裂为若干层球形斥力层，球形斥力层外再套球形斥力层，斥力层与斥力层之间斥力相互排斥，叠加形成加速度。星系和星系团被斥力层的夹层里的斥力压缩着，使其运动速度，超过逃逸速度也不会分崩离析的根本原因。具体而言，宇宙大爆炸发生的初期，整个宇宙 O 是一个斥力成分整体，该整体应该比宇宙大爆炸前的宇宙 E 斥力整体的密度低，经过时间的推移，至今在这个 137 亿年的历史中，斥力成分球形逐渐分裂成若干层球形斥力层，球形斥力层与球形斥力层之间斥力叠加速度形成了加速度，使宇宙这个球形最外层极度快速膨胀。比如：我们假设斥力成分的排斥速度每秒在视界外是二万九千千米（视界内任何物质也进不去），假设目前宇宙 O 内是十层的斥力层，每个层与层之间都是每秒二万九千千米的排斥速度，十个层与层之间是秒速二十九万千米，除去各种原因形成的阻力，也就发现了最远处的天体以光速的 95% 以上的速度远离我们的地球而去，当然这个每秒二十九万千米和十层球形斥力层肯定不准确，因为这只是个假设，但是球形斥力层和球形斥力层之间的排斥力叠加，也就是多个球形斥力层之间形成的加速度却是确定的，也就是距离越远，分离的速度越快之原因所在。

我们为什么断定距离越远的天体，远离速度越快，是斥力成分形成的多层造成的？宇宙天体运动所有的膨胀、爆炸、扩展，都必须是斥力直接作用的结果，那么就排除了与任何其他有直接关系的可能，这就确定了只有斥力的结论，斥力发源于斥力天体，宇宙大爆炸之初是斥力占 99.99% 以上，随着宇宙暴涨，斥力成分密度总量是逐渐下降的，由于斥力成分球形分裂为若干球形斥力层，球形斥力层数增加后，球形斥力层与球形斥力层之间形成的斥力相互排斥而形成的宇宙加速膨胀，我们的宇宙空间是球状的，宇宙的最远最外层也就是斥力球形层的最外层球形，该球形内又套着若干个球形斥力层，而所有的星系团即总星系就在这些不同球形斥力层内运动变化着。

《上帝的方程式》一书里又说，宇宙没有明显的中心，也没有任何边缘。我们再探讨该书第140页所讲的宇宙没有明显的中心，也没有边缘，现在已经确定当今的宇宙起源于宇宙大爆炸，请问有起源是不是说明宇宙的空间是有限的呢？有限的物质所主宰控制的空间也必须是有限的，有限的宇宙空间是不是应该有边缘？我们认为宇宙是有边缘的，这是确定的，就是一个球形别管再大，大到人类无法想象的地步，也是有限的，它的表皮就可以视为边缘，这就是全宇宙有限的总物质所控制的有限空间最外层，而且一定是有边缘的，从两个对角边缘取中心，这样从N个对角推算出来就是宇宙中心。

又，有限的宇宙也必须有一个明确的中心，这是确定无疑的，从宇宙大爆炸是整体均匀向外炸向所有方向和宇宙大收缩是由外所有的方向向内极速收缩分析，宇宙循环的任何时期的任何大小阶段都是球形的，该球形是整体均匀的圆形球体，由此也断定所有的球形都必须有一个明确的中心，而宇宙也是一个圆形球体。无论宇宙球形最大和最小之间的差别有多大，其宇宙的任何存在时间段都必须有一个直径上的球体中心，这是确定无疑的。

原始黑洞在宇宙中的存在数量有两种可能：一是共有一个原始黑洞，二是有N个原始黑洞。宇宙的原始黑洞如果为全宇宙唯一的原始黑洞，那么该原始黑洞的位置就是宇宙大爆炸的炸点也就是宇宙空间的中心。当宇宙大爆炸时是斥力冲破球形引力外壳，由于高密度的球形引力外壳比重超大，比斥力成分离开炸点的距离更近，这就是后来的原始黑洞，是冲出去的斥力成分冲破了球形引力外壳，是破碎的引力外壳向内即爆炸点聚集，破碎的外壳重新聚集成一个整体。在这里我们不要把破碎的宇宙E的引力外壳固定地想象成什么固体的或者什么流体的，也可能是我们人类无法想象的一种存在形式。试想，当宇宙大爆炸发生时，斥力成分冲破宇宙E的球形引力外壳，整体均匀向外炸向所有方向，而球形引力外壳也应该是整体均匀破碎，这些均匀破碎的外壳成分是均匀分布在斥力成分炸向所有方向远方时，破碎的外壳又重新聚集到一起，而形成了唯一的原始黑洞，也就是宇宙E的原始外壳又聚向了宇宙大爆炸的炸点即起点，而且宇宙大爆炸是整体均匀炸向所有方向，从宇宙大尺度上看宇宙的膨胀也是均匀整体膨胀的，所以炸点就是宇宙空间的中心点。

如果原始黑洞为N个（该黑洞经过138亿年吃掉任何能够吃掉的物质，视界增大很多，尤其成分体积缩小很多，而密度增大，总质量增大）那么Ｎ个原始黑洞之间的中心就是宇宙空间的中心，也是宇宙大爆炸时斥力成分冲破球形引力外壳向外炸向所有方向，由于破碎的引力外壳的比重超大，比斥力距离炸点更近，是破碎蛋壳状的引力成分重新形成的引力成分天体形成的网状球形的Ｎ个原始黑洞。试想，当宇宙大爆炸发生时将，宇宙Ｅ的引力外壳均匀炸向中心的外部所有方向，这些破碎外壳由于相互之间的距离过远，彼此之间无法将过远距离的同为引力外壳的对方吸引到自身。这些碎壳都在炸点周围和自己周围较近的引力碎壳结合成了原始黑洞，这些原始黑洞都是均匀分布地形成一个球形网状球，而这个球形的网的中心就是宇宙空间中心，在这里别管引力外壳是什么状态，也可能目前人类所猜测的所有状态一切都不对？但是，是斥力冲破引力外壳而这些破碎的引力外壳重新聚集到一起，形成了原始黑洞。又，宇宙中的物质是有限的，而有限的物质所控制和主宰的空间也必定是有限的，那么有限的空间必定有一个空间中心这是确定无疑的，当然该中心现在人类还无法确定位置，这也就是说宇宙中的一切存在不是人类有能力确定准确位置的。

《上帝的方程式》里又说："宇宙尽头爆炸着星星正在讲述着一个奇怪而令人神往的故事：宇宙没有足够的质量使任何以物质为基础的理论能成立，并且一种不可见力推动着万物越来越快地分离"这个所谓的不可见的力就是斥力，也就是说是斥力推动着万物越来越快的分离（此处与大收缩应为对称性的破缺，如前所述的宇宙大收缩是当引力占99.99%时是宇宙E最小体积，以后就不再收缩。不再收缩是因为向内没有多余的空间了，也就是到了引力能够挤压空间的极限了，再也挤压不出空间来了，并且到了密度的极限了，也就是到了有限总能量形成的有限引力所造成的密度极限了。如果再增加几分引力的话宇宙E还会继续收缩，并且密度会继续增大，如果引力不再增加那么宇宙E就不再收缩了。黑洞形成后就不再收缩了，可以借助黑洞形成后在没有任何成分进入视界的前提下不再收缩，推理出宇宙E形成后是就不再收缩了，因为可以将宇宙E视为唯一的超级黑洞，人类是可以断定黑洞形成后不再收缩的，宇宙E形成后的体积是有变化的，而这个变化只能是体积扩大的变化，是随着引力与斥力之间的比例变化而变化的，而宇宙大爆炸后斥力占99.99%时至以后很长时间宇宙O仍然在膨胀，现在斥力和引力相比斥力所占的比例在96%甚至更高，而引力所占比例占4%左右甚至更少。

为什么现在的科学尤其是天文学研究探索宇宙天文时不把引力和斥力在宇宙运动中所起到控制和主宰统治作用都考虑进去，只考虑引力的作用，这就是因为人类是诞生在以引力为主导的生存环境中的地球上，人类生活活动的周围所发生的自然现象绝大部分是自然中的物质产生的引力引起的，所以人类只对引力重视得更多。

但是从宇宙O诞生于宇宙大爆炸说起的话，应该是斥力占主导地位，并且宇宙大爆炸也是由斥力直接作用而发生的，所以说斥力是诞生宇宙O的根本因素，也是第一因素。从这一层面上说，将引力和斥力比喻为父子的话，斥力应该为父亲，引力应该为儿子，当然这种比喻不太适当，这就是说人类先认识到和认识更深刻研究更透彻的是对儿子的认识和研究，而对儿子的父亲知道得太少。

第158页说，其中最要紧和深刻的问题是，尚不清楚的终止暴涨并且引起其后我们相信现今正在发生的较温和膨胀的作用过程。实际上只要我们将引力和斥力考虑进来，就可以看清楚了。当斥力转变成非斥力（到一定程度时是要转变成引力成分的），斥力在与引力相比所占的比例降到一定程度时宇宙会终止加速暴涨（这种停止加速宇宙膨胀，也就是以前作为斥力层面的所有层面，逐渐开始减少直到消失，也就是说不是层面了，变成点状了，其排斥的斥力也就减少了，也就使得宇宙不再加速膨胀了），等到斥力所占比例低于引力时再停止膨胀（当整个宇宙中引力所占比例高于斥力时，作为整体的宇宙就停止膨胀了，这是为下一步的宇宙收缩作准备的），当引力所占比例占主导地位时再收缩（在全宇宙整体上引力所占的比例大于斥力后，这个比例应该需要计算到底是多少时间开始收缩，作为整体的宇宙就开始收缩了），当斥力成分所占比例过低时就进入了黑洞弥漫期（所谓的黑洞弥漫期是指整个全宇宙中除了黑洞和黑暗的空间外没有任何天体了，因为在黑洞弥漫期之前所有的黑洞之外的天体都被近距离的黑洞吃掉了，黑洞弥漫期是经过宇宙O的漫长运动的历史时间逐渐形成小部分黑洞和黑洞集中生成期来的，整个宇宙在此阶段全部为黑洞，这是为宇宙大收缩准备的）。当斥力成分所占比例极低、引力所占比例极高时，应该到99.99%的时刻然后就发生宇宙大收缩。

宇宙大收缩是全宇宙的黑洞大合并，该合并同宇宙大爆炸所用的总能量是相等的。所谓的宇宙大收缩应该是所有的黑洞合并为全宇宙唯一的超级黑洞，也就是通常人们称为的奇点，实际上是宇宙的两种存在形式中的另一个存在形式，我们称为宇宙E。

第166页说到，关于宇宙来自何处，它可能会走向何方和它的形状是什么，这些深奥的哲学问题。宇宙来自何处？首先宇宙是永远存在的，是永恒的，并不是从哪里来的，如果从物质决定、控制、统治和主宰宇宙的角度来说，那么宇宙来自物质，这样好像也不太贴切，但是从宇宙科学史上来说物质决定宇宙的命运，并且控制、统治和主宰着宇宙中的一切，只有宇宙来自物质和物质的运动才是最佳表述，也可以讲，宇宙（宇宙O）来自超极端浓缩升华N次级的能量球（宇宙E）。在这里可能有人会有疑问，怎么宇宙O既说是来源于物质又说来源于宇宙E？实际上应该是别管宇宙O也好，还是宇宙E也好，这两个宇宙的存在形式都是由物质决定的，也就是说都来源于物质，只是这两种存在形式在运动中相互转化。

宇宙会走向何方？实际上宇宙是从宇宙O的存在形式向着宇宙E的存在形式运动转变着。当宇宙E的存在形式形成后，又从宇宙E的存在形式向着宇宙O的存在形式运动转变着，当宇宙O的存在形式形成后，又从宇宙O的存在形式向着宇宙E的存在形式运动转变着，就是这样永恒地不停地互相交替转变着。我们为什么说宇宙O向着宇宙E和宇宙E向着宇宙O这样永恒不停地永远运动转变着？这还是来源于宇宙的现实就是如此：全宇宙总引力释放结束，就是全宇宙总斥力释放的开始，那么全宇宙总引力释放的结束之前，也就是宇宙E的邻近大爆炸时刻，在宇宙大爆炸之后才能是斥力释放的开始，全宇宙总斥力释放的结束之前也就是宇宙O的尾期，这也就是前面叙述的宇宙的黑洞弥漫期。当全宇宙总斥力彻底释放结束时，就是宇宙大收缩发生的时刻，而宇宙大收缩结束，就是宇宙E的形成时刻，也就又同时进入了引力释放的开始，也同时是由引力向斥力转变转化的运动时期。

我们应该将宇宙定义为球形的永动机，因为宇宙现实的存在始终是个球形，别管这个球形如何变化，即变成极端的大和极端的小，但是它永远以球状而存在着，该永动机的动力来源于物质，也可理解为物质，只有物质是自我永恒运动的，同以往的永动机（以往的永动机是一类想象中的不需要外界输入能量或仅有一个热源的条件下，便能够不断运动并且对外做功的机械）不同的是：我们这个宇宙球形永动机的球形有大小变化的，而且最大时刻和最小刻时的比例差别极大的，最大和最小时刻所含内部运动成分的数量也是差别极端的大，而最大和最小时刻的运动速度差别也极端的大，该球形永动机大小变化主要是引力和斥力所造成的，也就是说，引力将球形从最大时转变为最小，这个球形从最大到最小的转变的时间是极长久的，斥力是将球形从最小转变为最大，这个球形从最小到最大的转变的时间也是需要极端的长久，这个从宇宙的最大到最小的运动和宇宙从最小到最大的运动所需要的时间应该是同样的长久，这是宇宙的两大存在形式：宇宙 O 的存在形式，宇宙 E 的存在形式（宇宙 E 就是通常所说的宇宙大爆炸前的奇点，其实宇宙 E 也是宇宙，它是宇宙的另外的一种存在形式，我们也可称宇宙 E 为极端的存在形式）。宇宙的形状就是个球形的，宇宙 O 是个极端大的球然后这一球形有一天缩小到极端的小，到了宇宙 E，也就是球缩小为宇宙 E，也就是宇宙循环史上最小的球形永动机（球形宇宙）从宇宙 O 和宇宙 E 之间的互相转化转变中最能显现出能量守恒定律的，同时体现出来的就是时间守恒。所谓时间守恒就是宇宙 O 从形成到转变成宇宙 E 所用的时间，同宇宙 E 的形成到转变成宇宙 O 所用的时间是相同的长度，也必须有时间守恒定律。所有的能量不管怎么转变转化，都出不了这个球形的宇宙，即使球形到了极端的大（宇宙循环史上最大）也不管球形到了极端的小（宇宙循环史上最小），所有能量都跑不出这个球形的宇宙。但是人类所利用的其能量转换还有损耗（能量的利用率低）宇宙循环史上最高级别的统一也就是最强大的统一就是在宇宙E内（所有的统一都能在宇宙现实中寻找到印证，就看我们人类有此智慧和能力找到吗），在此宇宙E中所有的一切的一切都最紧密地统一在一起，宇宙E是唯一的一个天体，即一个整体，而宇宙O目前有N个星系团，每个星系团内又有N个星系，每个星系内又有N个天体。必须明确确定，在宇宙E这个最高级别的统一场内，时间和空间、物质（是浓缩升华的能量存在）都必须有，只不过是统一到一起了（这就是因为大爆炸刚开始时斥力占99.99%或者更多）。从以上看出引力最终使宇宙简单化，也就是说从宇宙O的N个物质成分浓缩升华到宇宙E内的极端少的物质成分，斥力会使宇宙复杂化，也就是说，从宇宙E的极端少的物质成分在宇宙大爆炸那一刻开始将极少物质成分分裂为极多的物质成分。根据对称性原理，从宇宙大收缩推理出，单独就引力和斥力来讲（引力和斥力合为比例是一百，即100%，其他任何不考虑、不计算），现在的宇宙暗能量和暗物质（对该暗物质的解释见第一章）就是斥力源天体，那么就是斥力占主导地位，其一是所占比例应该是96%以上，就是按照现有的主流天文理论论述将暗物质列入引力成分天体，只有暗能量列入斥力成分，也是斥力在整个目前现实宇宙中占绝对的主导地位（从观察不到这一大部分的特性原因已经讲过和宇宙膨胀这也是斥力的能量所为）。大爆炸之前的引力能的释放（这里特别注意在宇宙大爆炸期间和在宇宙大收缩期间的能量释放本身是物质自身的自然反应，还是此时的释放是一种特别的另外什么机制作用？应该为物质自我运动中自我反应，也必须是自洽的）应该是物质自身在所处的条件下的本来的反应—是自我消化、自我转化（能量升华N次级的存在形式），宇宙大爆炸是斥力占绝对主导地位，那么宇宙大收缩形成时的引力占主导地位所证明从黑洞中引力所占的比例成分为99.99%是确定的。所以说，造就宇宙大收缩（包括黑洞的形成）最大也是唯一决定性作用的，也就是引力；所有的宇宙运动都需要能量的参与和能量的转化。而斥力和引力相互转化为主导地位都是以物质或者以物质的升华形式，更确切地说是能量升华N次级的形式为基础。

　　宇宙O同宇宙E之间的相互转变转化的瞬间的关节点上都是在能量（物质B）升华N次级中产生的。从黑洞的引力占黑洞的（引力和斥力相比）纯度达到99.99%以上比例和足够大的质量，才能形成极端的密度（每立方厘米百亿吨，和极端的引力形成视界，只要进入视界内，任何成分都逃逸不出来，包括光线也逃逸不出来）。因为极端大的引力的区域环境中不允许有与其相反的存在，其引力成分所占比例纯度极高和足够的质量才会有密度每立方厘米一百亿吨，任何进入黑洞天体的成分都会极快速地被浓缩纯化为引力成分包括进入到黑洞的斥力成分（当然应该有占黑洞总能量的0.01%左右的斥力存在）；来间接验证推理出宇宙大收缩后引力所占比例（最多时）99.99%以上，又由此逆推理（或反证出）大爆炸初始（斥力和引力相比）斥力占最多时也为99.99%以上，又因为只有斥力才能使宇宙膨胀，宇宙加速膨胀只有超大斥力并且是多层超大斥力叠加才能形成现实，并且必须是多层的超大斥力才能形成宇宙加速膨胀，也就是哈勃定律，因为从整个全宇宙来讲，总斥力的排斥力是逐渐减弱的，现在比宇宙大爆炸时刻的整个宇宙的总斥力的排斥力减弱了很多，再一个就是超大斥力源至今都探测不到，这些超大斥力源比黑洞都难以发现，黑洞都可通过其超大引力对周围的引力影响被人类间接探测到，这说明超大斥力源也是有视界的。

从引力和斥力在运动中的作用中寻找暗物质和暗能量，从而得出暗物质和暗能量是有强大斥力源，并且从中得出宇宙是永恒不灭的，运动不息，循环往复。同宇宙大爆炸前的奇点，主要与宇宙E形成的初期相比差距极大，这里主要指的是同宇宙E成分的体积和引力强度的差别，同时是大收缩的发动机。也可以说，无引力就无宇宙大收缩，无黑洞的发动也很难有宇宙大收缩。宇宙E的形成是N个黑洞合并而成的，可以把宇宙E初期视为唯一的超级黑洞，在这里实际上黑洞是强大引力的又一种形式或者符号。又确定斥力是引起宇宙大爆炸的直接因素，并且是最主要的因素。也就是说，没有斥力就不会有宇宙大爆炸，也不会有宇宙膨胀，从对称性原理中推理出能量浓缩升华N次的形式确定为超浓缩升华N次级的斥力成分是宇宙大爆炸起爆装置，也可以说没有浓缩升华N次级的斥力成分也永远不会发生宇宙大爆炸。

从宇宙大爆炸角度说起，物质（物质A）是从能量（物质B）转变而来的（该能量有浓缩升华N次级的阶段时间）。现在普遍说物质（物质A）产生能量（物质B），能量（物质B）都是从物质（物质A）中产生，但是从宇宙永生不灭循环往复的观点来看怎么说都行。物质（物质A）产生能量（物质B），能量（物质B）也同样产生物质（物质A）。宇宙大爆炸和宇宙大收缩都形成于升华N次的能量，也就是说，都形成于能量升华到最高时发生的，宇宙大爆炸是在斥力能升华到最高时并且是斥力所占比例也极端的高达99.99%时发生的。而且宇宙E是在引力能量升华到最高时并且是引力所占比例也极端的高达99.99%时发生的，我们可以想象全宇宙总能量的99.99%的比例是引力能，其吸引力有多强大。在全宇宙整个循环过程中引力的强度有大小变化的，这种变化在宇宙运动现实中是确定的，引力的速度在全宇宙的整个循环过程中也是变化的，这也是在宇宙运动现实中得到验证的，或者是全宇宙总能量的99.99%的为斥力，由此斥力的强度和速度也是在宇宙的整个全部循环运动过程中的变化在实际中得到验证的，如果从以上这两个发生的根源说起的话，将物质定性为来源于能量，比能量来源于物质更贴切。

从整个宇宙循环史推断出以能量（物质B）形式存在的时间要大于或者说多于以物质（物质A）的存在形式，这是物质（物质A）和能量（物质B）在整个宇宙循环史上又一不对称，也就是所谓的破缺。宇宙E内应该没有物质（物质A）形式的存在，都是以能量（物质B）的形式存在着，也就是从引力能（物质B）向斥力能（物质B）的转变，在极超大引力、超大压力和超高温下应该是从引力能量直接转变为斥力能的，应该没有其他中间（物质）环节，但是绝对没有物质（物质A）的环节出现，或有也是其他非物质（物质A）极端的少的环节并不像宇宙O（斥力能直接转变为引力能的）那么多环节，为什么宇宙E内也就是通常说的宇宙大爆炸前的奇点没有物质A？在宇宙E内极端的环境和压力下，并且同现在的宇宙O相比之下的体积又极端的小，时间空间共同升华N次级物质B，也就是升华N次级的能量三方最紧密的合而为一，也就是说，最紧密的统一为一了，所以说宇宙E内没有物质A的生成，也就是没有物质A的存在。

宇宙O中既有能量（物质B）的存在形式，又有物质（物质A）的存在形式，当然宇宙O中的能量物质B应该不似宇宙E内的能量升华那么多级别，可以确定宇宙E形成的初期是能量升华级别最多的时刻，黑洞（可以将黑洞视为物质又一种存在形式，也是一种极端的存在形式，是能量升华N次级的形式而存在着）就是以超大引力能的形式存在的天体，而斥力能的存在天体就是96％以上的探测不到那一绝大部分的天体也就是现在通常所称的暗能量和暗物质，在整个宇宙O的存在形式中也是以能量（物质B）的存在形式多于以物质（物质A）的存在形式，也就是在整个宇宙循环中以能量（物质B存在形式的占四分之三多或者更多，而以物质A（物质A的存在形式应该低于四分之一或者更少）也可理解为能量浓缩升华N次级是物质的另外的存在形式，也是最极端的存在形式，又可以称物质（物质A）和能量（物质B）互为因果律或因果关系。从以上得出，物质A和物质B既是守恒的，又是破缺的，守恒是指物质A的能量是N的话，其转变为物质B后能量也是N；其破缺性是指在一个完整的宇宙循环中以物质A存在的形式太少，而以物质B存在的形式又太多，物质A和物质B所存在数量和时间上差别极大。

第二节　物质的斥力主宰宇宙运动

斥力在宇宙运动中的作用极其重要，重要到如果没有斥力就少一个宇宙存在形式，也就是说少一个宇宙O的存在形式，宇宙中的总斥力释放结束的结果是宇宙大收缩。在宇宙的总循环的一个周期中包括宇宙O和宇宙E总共只有两大存在形式，绝对不会有第三个存在形式，在这个总循环中有以引力为主导的物质A和物质B，同时也有以斥力为主导物质A和物质B，宇宙中斥力成分组成的物质包括浓缩升华N次级，其密度越大斥力也会越大，重要到如果没有斥力，就没有宇宙运动，也没有宇宙大爆炸。

宇宙大爆炸就是因为宇宙E内的引力释放到一定程度而转变为斥力，使其斥力达到一定的量，并且和引力相比斥力占绝对的主导地位，直到所占比例达到99.99%（此时是没有引力的存在，因为引力所占比例极端的少可以忽略不计，其引力是只有占全宇宙的0.01%的宇宙E的外皮，也就是后来形成的原始黑洞，再也没有其他引力成分）而发生的宇宙大爆炸，从而发生了以后的一切，直到我们今天的宇宙总星系。所以说，没有斥力，就没有宇宙大爆炸，而没有宇宙大爆炸，也就没有宇宙大爆炸后的各种或者各级宇宙运动，更没有人类和人类赖以生存的地球。

宇宙大爆炸是宇宙运动中最特殊也是最极端的运动形式（同宇宙大收缩是同一级别的相反运动和相反运动过程），特殊和极端是指它是宇宙所有运动中爆炸能量最大、威力最大、造成的结果最大最长远，是其他任何运动（大收缩除外）都无法相比的，大爆炸的声音在宇宙中持续了很长时间，只是现在人类无法确定和发现（有媒体报道找到宇宙大爆炸遗留下的痕迹了）。不像核弹爆炸瞬间就无声音了，宇宙大爆炸在宇宙中留下的痕迹至今都有，只是现在人类无法发现和确定。

从宇宙大爆炸前期（确切地讲应该从宇宙大收缩至宇宙大

爆炸这个时期过了超过一半的时间后斥力就占主导地位了）至宇宙O的前半段时间，斥力占主导地位；有万有引力，更应该有万有斥力而且必须有万有斥力，这是对称性原理最根本的最基础的体现，也是其他一切自然科学中对称性原理的根源。最关键的就是宇宙大爆炸是宇宙发展运动到现在和发展运动到以后的一切发展运动的源泉和一切生物生命的根源。如果没有宇宙大爆炸的发生，也就没有任何生物生命。（宇宙E内是没有任何生物生命的）也就是说没有宇宙大爆炸，就没有宇宙大爆炸后的一切。现在的宇宙是斥力占主导地位，并且和引力相比所占比例高达96%，也就是说天体在斥力的推动下向外向远处运动，也就是星系之间的距离逐渐扩大，宇宙中的所有天体就像气泡团被斥力作用着，而运动旋转应当也有引力的作用。

根据对称性原理，宇宙O同宇宙E的运动周期相同，即所用时间长短相同，结果相反，也就是说方向相反或者变化相反，有强大斥力源应该同黑洞相反，是以向外排斥为主，达到一定能量，并且纯度也非常高，也应该有视界，这是同黑洞既对立的又统一的一对宇宙天体。

《现代物理学》第二版（吴大江编著）第142页："为了研究宇宙学，科学家建立了一个讨论问题的前提——宇宙学原理：假设宇宙在大时空尺度上是均匀的和各向同性的。"

其具体含义如下：

（一）在宇宙学尺度上，空间任何一点和任何一方向，在物理上是不可分辨的，即密度、压强、曲率红移都是各自完全相同的，但同一点的不同时刻，其各物理量却可以不同，所以宇宙学原理允许宇宙演化的存在。

（二）宇宙中各处的观察者，观察到的物理量和物理规律也完全相同，没有任何一个观察者处于特殊地位，在地球上能够观察到的宇宙演化图景，在其他天体上也能够看到，所以可以建立宇宙空间概念。观测表明，在宇宙尺度（大于1亿光年）上物质分布均匀且各向同性。从相互对应来讲，从对称性原理看，大质量的斥力源，也就是暗物质，它在全宇宙的总能量中占23%十三（有的理论将暗物质列入引力成分）的斥力速度极高的天体应该有视界，所以人类站在该天体上是看不到的。

二是占73%的暗能量也是斥力，只是比暗物质的斥力更快更强大，也应该有（根据对称性原理）视界，该视界和黑洞的视界不同之处，是前者在视界边缘，任何也进不去，包括光线也进不去，但是视界内的成分可以冲出视界以外，而后者是进去出不来，是可以进入视界以内，但是视界内的出不了视界，也就是说射向有视界斥力源的光线（也应该包括一切）也在其视界处被挡住而进不到视界以内的斥力源，所以至今人类无法直接探测到暗能量和暗物质，人类站在该天体向外是看不到任何的。

最接近宇宙大爆炸初期的斥力成分应该是暗能量和暗物质，暗能量排在第一位的话，应该必须有一类成分最接近大爆炸时的爆炸成分，而且这是必须确定的，从以往的资料中推测是暗能量最接近宇宙大爆炸中的爆炸成分，那么就应该确定暗能量是有斥力视界的，从探测不到暗物质推理出暗物质也应该是有斥力视界，就是其有向外排斥的强大斥力而形成的视界，使包括光在内的任何成分都进不去，所以至今人类无法直接观察发现占全宇宙现在的占73%以上的暗能量和占23%十三的暗物质的天体物质（包括宇宙E临近大爆炸时和大爆炸初期的38万年前）绝大部分是此天体；一切都进入不了超大斥力天体视界内，所以在该天体的视界内是任何信息也无法接收的，暗能量和暗物质就是此类天体，人类在暗能量和暗物质的天体的视界内向外观察是任何也看不到的（当然人类是永远进入不到有视界的斥力天体内，而这只是一个假设。为什么人类在斥力天体内向外看是任何一切也看不到？是因为任何一切进不了斥力源天体的视界以内）。所有视界的天体都是以能量的形式而存在，该能量也应该是升华N次的能量，有引力能的天体形成视界，也应该有斥力能的天体形成的视界，所以这里斥力源天体应该有视界，具有视界的斥力源天体确定在宇宙现实中是存在的因素有以下几个：

一、宇宙加速膨胀也就是哈勃定律所概括的宇宙加速膨胀的定律（从哈勃概括的宇宙加速膨胀定律判断出全宇宙的斥力与引力相比占绝对的主导地位，如果是引力占主导地位的话，宇宙就不会有加速膨胀的宇宙运动现象的存在）。宇宙中天体运行形成红移和蓝移（浓缩和稀释角度来说：前者为光像（线）稀释，后者光像（线）浓缩造成的）。

二、宇宙运动中所有的膨胀、扩张、爆炸都是斥力直接作用的结果，与引力没有任何直接关系。

三、直到今天还没有探测到该类斥力天体，这也是由于斥力视界造成的。

四、宇宙大爆炸后的38万年前探测不到也是那时之前的天体有视界，并且该天体是一个整体的斥力天体，斥力成分占99.99%左右，而38万年之后能够探测到的天体是因为该天体经过38万年的运动变化由斥力成分转变成了可见成分，或者是斥力将可见的成分从视界内排斥出来了，斥力（斥力还有一个特性就是斥力从斥力源出来后就永远不返回的）的本性就是向外排斥，而极超大的斥力源是排斥一切的，并且使一切都进不了斥力源的一定范围内，该范围就是斥力视界。而斥力占主导地位在宇宙运动中的时间长度同引力在宇宙运动中所占主导地位的时间长度相同，斥力还会形成与引力透镜相反的宇宙天象——斥力透镜。

透镜被透镜有以下几点：引力透镜被引力透镜所透镜，也就是最少有两种以上的情景：

一、是有一个真实的现实的天体被引力透镜分成看上去是两个的天体的假象，这两个假象的天体其中之一又被更远的引力透镜分成看上去是两个天体的假象。

二、是一个真实的天体被引力透镜分成两个的假象，该两个假象之间距离被更远的引力透镜将其距离拉得看上去更远了。

三、是一个真实的天体被引力透镜分成看上去是两个的假象天体，该假象被更远斥力透镜恢复成一个真实天体。

四、是两个真实的宇宙天体被斥力透镜压缩成看上去是一个的假象天体，该假象天体被更远的引力透镜重新分成两个真实的天体，有超大引力将通过的光线和景象拉成比原来的大很多的光线，透镜裂隙（或称透镜裂缝、透镜裂洞）点，也就是出现分开的点处。引力透镜能使一个单独天体在视觉上看上去是两个或两个以上的天体，一个真实天体被强大的引力源天体形成的引力透镜一分为二的两个天体，是强大引力源形成的引力透镜，这里会有真实的一个天体被分成两个的分开点，为增加引力强度，我们假设两个对着的强大引力源天体，引力与斥力相反原理的透镜，也就是根据对称性原理有引力透镜必有斥力透镜，实际上一个强大的斥力源发出来的强大斥力就能形成斥力透镜，但是为了强调斥力形成的透镜，我们假设两个对着的强大斥力源形成斥力透镜，透镜合点，就是两个真实天体被斥力透镜合成一个天体的假象的合成处。假设宇宙正以每天600千米的加速膨胀，两种透镜一个将加速膨胀观察成每天少于600千米，另一个透镜观察成每天多于600千米的加速度（可称为虚速或者假速），斥力透镜在有条件的情况下可将现实中的两个天体挤压成视觉上一个天体。

我们为了强调斥力透镜和更易理解，假设两个相对的强大斥力源天体也就是天体A与天体B，假设一是强大斥力源1，假设二是强大斥力源2，假设一中1是强大斥力源产生的强大斥力将经过的真实天体1的光像向前推出一定角度。假设二中的2是将真实天体2的光像向前推进了一定的角度，经过此处的真实天体A和真实天体B重叠在一起，从而被观察者观察到的是一个天体的（虚假现象）。即透过透镜观察的"宇宙现实"这些都不是真实的，所谓的宇宙加速膨胀有几种可能。

一是透镜对膨胀的错误反映（确定是加速膨胀了，但是也有被透镜错误显示了的成分）。

二是宇宙的斥力成分，尤其是具有超大排斥力的并且有视界的斥力天体，大部分都分布在宇宙的整体并且这些呈球状且是网状面成分逐渐分解开成为若干个层面，这样球形斥力网层套球形斥力网层，球形斥力网层与球形斥力网层的斥力叠加形成加速度；每个斥力层不是平直的，而是圆球形的，但不是平滑的，是凸凹不平的，凸凹不平就是因为两个斥力层之间包裹着星系的原因，也就是星系或者不成系列的天体被夹在两个斥力层之间而造成的凸凹不平（这也是星系团的运动速度超过逃逸速度而不会分崩离析的关键所在即斥力将星系团包裹住让其不会逃逸出来），超大斥力源将使通过的光的实际大小的光线或天体图像压缩比实际小很多。就像直径十亿千米的圆光柱被超强大的斥力压缩成一亿千米直径，是否会使光柱增加长度？

光速是有限的，那光的射程也必须是有限的，应该会增加其长度，如果该光柱的有限长度是二百亿光年，那么经过强大的斥力源后，可能是三百亿光年或者更长。我们假设直径十千米长光线光柱经过强大斥力源形成的斥力透镜将该光柱压缩成直径一千米，加入能将两个现实天体景象通过斥力透镜后视觉上形成一个天体，又虚加或减了速度（引力透镜和斥力透镜中出来的速度是与现实中的真实速度不相符的，一个为虚加了，另一个为虚减了，虚加或虚减这是确定的）。

引力在宇宙运动中的作用同斥力相反的，但是也是非常重要的：

（引力和斥力在宇宙的整体的总运动中是同等重要的）没有引力，就少一个宇宙的存在形式，也就是说，少一个宇宙E的存在形式，引力和斥力是一对分不开的运动能量，就是没有引力就没有宇宙的运动。宇宙中总引力能释放结束的结果是宇宙大爆炸（宇宙中引力组成的物质成分包括浓缩升华N次级，其密度越大，引力也就越大、其三者成正比）宇宙中的生物生命包括动物、植物在内的所有的生物生命都应在宇宙O中产生，即以斥力在宇宙全局占主导地位，引力在宇宙的局部占主导地位的区域内该区域内的引力还不能过大，才能产生生物生命。

为什么生物生命只产生在斥力在全局占主导地位、引力在局部占主导地位的环境中？从宇宙大爆炸至今，是不是斥力在整个宇宙占主导地位？从宇宙现实的观察资料中得出，斥力是占主导地位，并且是绝对的主导地位。为什么又在局部是引力占主导地位？这同样是来自于宇宙现实观察的资料，这就是我们人类所居住的地球上和地球的周围环境都是引力占主导地位，这是可以确定的，但是引力所占的比例还没有确定，就目前人类发展文明程度中的科学手段应该能探测出所占的引力比例数来，那么又为什么引力又不能过大，才能产生生物生命和适合生物生命的存在？试想黑洞超高引力造就了超大压力以及等极端环境，使其没有生物生命生存和诞生的任何条件，所以说其引力也不能过大。假设现在如果到了宇宙O的末期，所有的生物生命都灭亡了，而且宇宙O的初期没有生物生命产生和生存的条件。我们讨论看看如果地球自转和公转速度过快的话，其自身可能无任何生物生命存在。可以确定的是生物生命生存的天体上的自转速度和公转速度对生命是绝对有控制作用的，而宇宙远离中心的区域高速扩张旋转运动，所以地球应该在低速运动的区域，而低速运动应该在原始黑洞形成球形网状布局的内侧或者是外侧的不远处，宇宙整个循环过程中的所有生物生命都有诞生和灭亡的时刻，宇宙整个循环过程中有视界要比无视界多，这与物质B比物质A多相一致，宇宙E的最小时刻与宇宙O的最大时刻的大小比例，必定是一个固定的大小比例，该比例是可以确定的，并且是每次循环中都是完全相同的，固定不变的，其实全宇宙总循环的周期时间都是相同的长度，宇宙的最大直径和宇宙的最小直径对应也都是相同的比例大小，全宇宙总循环最小，对应最小也是相同的大小，这些所有的相同都源于能量的永恒不变，并且宇宙E由于条件所限自始至终都不会有任何生物生命存在或者生成，宇宙O全局为斥力所主导而局部是引力为主导，在局部环境中生成和发展生物生命，且引力不能过大。

几百年来人类对引力的研究认识和描述远比对斥力的研究认识和描述多得多，但是现在人类战争中的战场使用的武器都是斥力武器而无引力武器，这是有什么根源吗？其原因究竟是什么？是研究斥力武器比研究引力武器更容易吗？在这里我们重点探讨以往因超大引力作用下而形成的黑洞和宇宙大爆炸前就是宇宙E的初期的视界内的区域空间，此视界内的区域空间的引力速度应是超光速的（光在此环境中垂直于引力中心方向，前进的速度应该大于秒速三十万千米），假设一超高速运行的装置进入该视界后，持续的高速加速使其速度在极短时间内以（接近）光速向着垂直于中心方向前进（这里需要说明宇宙E的初期是引力占主导地位，而后半段时间是斥力占主导地位，临近宇宙大爆炸前也是斥力占绝对的主导地位，只是有一个强大的引力外壳此外壳的引力也应该是超光速的，否则射向其内的光会反射出去）。而人类从理论上也能看到此时的宇宙E天体的表面，实际上那时是没有任何生物生命的，如果该运行装置达不到引力的光速会有逆阻力吗？应该会有逆阻力，假设该区域空间垂直于引力中心的引力速度是每秒50万千米，而初进视界的运行装置以每秒一万千米的速度垂直向中心加速前进，而有论述该装置或物品会被拉长和拉细（为什么会被拉长？）拉长就是逆阻力的实际显示，这种显示是引力返回速度超光速造成的，不但物品被拉长拉断，光线也同样会被拉长拉断压缩细了，被弯曲被权开和光线周长缩小……在此也会被拉长或者也可能被拉断而被拉长和拉断就是强大的返回的引力超光速的表现。

此将同化和异化简短地说明一下。同化是在一定的环境下尤其是极端的环境下将后来的组成成分同固有的组成成分经过一段时间的变化，使后来的组成成分完全转化成固有的组成成分的属性，就是相近和相反的属性都转为原来固有的属性。

异化则相返，是后来的成分将原先固有成分的属性转变为后来的属性。在此我们插一段话题：假设宇宙E现在还没有发生宇宙大爆炸，是再过100亿年以后才爆炸，假如此时引力占全宇宙E总能量的10%，这10%组成一个强大的引力外壳，外壳内包裹着90%的斥力成分，这时候有一飞行物质进入宇宙E内，当进入到引力外壳时是迅速变成了引力成分，还是继续前进入到斥力层面上去？应该是迅速转变成引力成分，宇宙大爆炸前内部是浓缩升华N次级，应该有光存在的（该光主要是同其他成分浓缩升华极端统一在一起的）宇宙E的中心点处没有引力和斥力，而只有压力，该处浓缩升华N次量级的光更集中更突出，宇宙E有极端大的引力造成极端大的压力，而极端的大压力造成极端高温，那么必定有极端浓缩升华N次量级的光（当然该光是同其他成分最强大的浓缩升华统一到一起，被压缩吸引到中心点处，形成最强大的斥力）。这是确定的。

极端的引力、极端的高压和极端的高温，可否都称为浓缩升华N次量级？因为只有浓缩升华N次量级才能出现极端的引力、高压、高温，就是到宇宙E临近大爆炸时斥力占99.99%，其内部中心的压力也是极端的大，因为有一个强大的引力外壳将向外排斥的斥力紧紧地包裹在内。就是在宇宙大爆炸时其中心点的压力也应该是最大的，因为99.99%的能量都为斥力能，以圆球形的斥力能球的斥力能的排斥作用都向外排斥，向外所有的方向都有空间，所以压力不是最大，而球形中心点是从外的方向的所有方向向内排斥而形成的最大的压力。

试想地球内核有光与否就明确了，地球内核是高温并且有光的，只是光是出不来的，尤其是宇宙大爆炸前的视界内的光会被浓缩升华N次级，而光的斥力的力度也增加升华为N倍。单体最大的引力源是宇宙大爆炸前的宇宙E的初期，而宇宙E的存在时期的全过程的引力强度也是不同的，只有当引力占到99.99%的比例时，也就是当引力所占比例最高时刻才是引力最强大的时刻，这段时间有多长是确定的，但是需要计算出来，而且最强大的视界和最弱小的视界都在宇宙E内。而单体最大的斥力源是在刚刚发生宇宙大爆炸的瞬间。地球上的几个速度：第一宇宙速度每秒7.9千米，第二宇宙速度……和宇宙中的所有时期的所有环境下的速度都是引力和斥力比例大小变化所造成的结果。

大爆炸的最初时是最大的单体斥力源。产生斥力成分的斥力源在宇宙大爆炸初期为整体一个单独的球形，而现在是若干个网状球形内外包裹着从内部第一层网状球形被第二层包裹着，这样由内向外网状球形层被网状球形层包裹着，内部中心核应不是斥力了，此时斥力都是向中心方向排斥的压力使其都有相反排斥对方的排斥力而形成的压力并且形成向外加速的力，而球形最外层无排斥相对应的阻力，所以宇宙O的最外层（以斥力为主的斥力层）向外扩张的速度是最高速的。

引力和斥力的力度都是有大小，速度有快慢的，超大的引力可造成引力波这是经天体物理技术探测到所证实存在的，那么超大的斥力同样也会造成斥力波，将来有高科技仪器能够（间接）探测到，并且能精确计算出来，或者再进一步能（间接）观测到。

引力将宇宙O的一切转变浓缩升华为宇宙E，超大引力可形成引力透镜使人们通过该透镜，将极远的天体拉近后和增加亮度看到该天体更清楚，这是被相对论推测到并且被后来的天文学家探测到所证实的，从以上两节中的引力和斥力都可以使光线弯曲，也同时都可以使时空弯曲，那么人类所测量的宇宙空间应该是不准确的，也就是说有误差其误差，可能很大，假如人类探测到距地球最远的天体900亿光年，由于测量时光像运动的途中经过了很多强大引力场，使该光弯曲了很多，再加上途中又经过很多强大的斥力场又将光弯曲很多，其测量出的距离与实际上的现实直线距离差别很大，也就是直线距离假设为600亿光年，但是测量的结果可能为900亿光年。

从以上所述说明：引力和斥力如同人的双手，而物质又如同人的大脑，物质通过指导主宰引力和斥力来控制统治主宰宇宙中的一切，当然这种说法不太准确，因为引力和斥力都是物质产生出来的，但是，人类的大脑是产生不出来双手的，而只能指挥双手。

下面探讨暗物质和暗能量。我们假设暗物质存在，所谓占23%的暗物质就是由暗能量转变而来，再进一步转变就是暗物质转变为恒星，而恒星转变为黑洞（不够黑洞质量的转变为中子星等其他天体，但最终都会经过黑洞这一质量级别，而进入大收缩的）。此时的暗物质是斥力成分，并且斥力的速度也是超光速的，只是比暗能量的超光速小一些。是包括光在内的任何成分也进不到暗物质的视界内，所以人类才看不到它。而暗能量是比暗物质更为纯正的斥力源天体，暗能量的斥力比暗物质的斥力超过光速要更多一些，暗能量同大爆炸初期的斥力能量最接近，宇宙O中与宇宙E（奇点）中的临近大爆炸的成分最接近分三个等级：第一等级为暗能量，这是最接近奇点（也就是宇宙E的临近大爆炸的引力外壳以内的斥力成分）的斥力成分；第二等级为暗物质（大多数天文资料都将暗物质列入引力成分，但是我坚持暗物质是斥力的观点，直到人类将暗物质探明并且定性为止。

暗物质是斥力成分的理由是：

1.现在天文宇宙学家们探测确定每个星系中心都有黑洞，该黑洞吸引着本星系的天体在一起旋转运动不向外散发出去。

2.星系的形状主要是斥力层同斥力层之间压缩而形成的就是星系，在两个斥力层之间恒星是自生成到消失的过程中引力和斥力都存在的天体，恒星爆炸后所要转变成其他天体中得出暗物质不应属于引力。

3.至今也探测不到暗物质（包括直接和间接都探测不到），黑洞还能间接探测到，这应该说明暗物质有视界而探测不到，我尊重将暗物质列入引力的理论，但是我还是坚持将暗物质归斥力成分。不过现在我们可以将暗物质列入引力成分加以讨论，如果暗物质是引力成分，就不是暗能量直接转变而来的，应该是暗能量转变成其他介于引力和斥力的中性天体后再转变成暗物质，如此来计算宇宙的一个循环周期使其表示数目减少不能使用的时间也就是24%的引力提纯成20%得出每形成1%的引力所用时间为8.6亿年，宇宙一个完整的循环周期是1720亿年，关键是把1%的斥力转变成1%的引力所需要的时间搞精确了，所得出的时间才能准确，但是这个计算方法和步骤是正确的，即1%的斥力转变成1%的引力所需的时间乘以一百，就是宇宙O存在的总时间，用宇宙O存在的总时间乘以二，就是包括了宇宙O和宇宙E的两大存在形式的总时间，这也就是宇宙循环一个完整周期的总时间。

在这里先说说暗物质和暗能量最终去哪里。现在我们再将暗物质列入斥力成分加以分析讨论，就是从宇宙大爆炸至今的总时间被百分比的引力除再乘一百之后再乘二为全宇宙总循环的一个周期的总时间，实际上是暗能量释放出斥力能，释放到一定程度后变成暗物质，而暗物质又转变成恒星，大的顺序是这样的，在小的顺序上可能不是直接的，可能有小的中间环节。

第三等级为恒星，所有的光都具有斥力的属性，恒星发出的光也不能例外，也必须属于斥力的属性，应该将恒星归属为中性天体既有引力属性，又有斥力属性，更确切地讲，恒星的早期更偏向以斥力占主导地位，尤其是恒星形成的初期和中期之前，这在历史上拍摄的观察资料可以为证：摘自《爱因斯坦尚未完成的交响乐》第40页："像太阳这样大质量的天体实际上正端坐在四维时空的弹簧垫上，并压出了一个很深的凹陷来……也说明太阳是以斥力为主导（斥力略微占主导地位），而引力为被主导的天体，有人可能会问以斥力为主，为什么太阳还吸引着太阳系的其他天体围绕着自身运动？这里关键是围绕太阳转动的其他天体都是以引力为主导的天体，该引力加上原来太阳内的总引力就大于太阳的总斥力力度。又，太阳系在银河系内，银河是个星系，宇宙所有的星系都在网状球形斥力层与网状球形的两个斥力层之间的夹层内被斥力层所包裹着，而太阳是在银河系以内的一个中等的恒星，所以也同时被夹在斥力层之间，所以这些除了太阳以外的其他天体都在太阳系内围绕着太阳运动。如果太阳为较纯引力天体，其在太阳系内所占能量比例极高，那些围绕太阳运动的天体早被吸进太阳天体内部了（当然会有一天被吸进太阳内的）。假如在这个时空弹簧垫上会出现相反的现象，即会将时空弹簧垫吸起来，而不是压出个凹陷来，这就是黑洞，等到有一天当人类可以完全清晰看清黑洞视界以外时空时会验证到周围的时空被黑洞吸引的现实的，该现实同太阳将时空压出一凹陷的现实相反，实际上太阳以球形天体存在着，其球状形由内向外所有的方向都有基本相同的引力、斥力出来与时空接触，而不是像人那样坐在软沙发压出与屁股大小相同的坑；而且天体是被时空包裹着。

第四个接近宇宙E临大爆炸时的斥力成分的是黑洞（有科学家将黑体辐射从黑洞中出来与对黑洞的定义有区别，对黑洞的定义是一切物质都无法从黑洞内出来，包括光也逃逸不出来。为什么光都逃逸不出黑洞视界？这就是黑洞成为黑洞的关键所在。黑洞的引力运动速度超过光的运动速度，是超光速的引力将包括光在内的一切吸引在视界以内而出不来的，我认为再加一项就是除了引力能出来，外其他任何一切都从黑洞内出不来，引力出来后一定会再返回的）。先说明这里99.99%的引力是造成宇宙大收缩由宇宙O过渡到宇宙E的原因，这也就是发生宇宙大收缩的必然性，再详细一点说就是宇宙大爆炸后，开始了由斥力向引力的转变，当全宇宙的总能量都转变转化成引力，引力所占比例极端的大，高达99.99%时就进入了宇宙大收缩，宇宙E又是使99.99%的引力转变为斥力，并且使斥力达到高纯度99.99%后发生宇宙大爆炸，又转变成了宇宙O，其宇宙E的引力外壳是整个宇宙循环史的一切成分中最有弹性的，并且伸缩性（韧性）也是最大的，这是可以确定的（空间除外）。

宇宙大爆炸后极度松弛（该松弛是与宇宙E内相比之下的松弛）的条件使99.99%纯度的斥力转变成纯度99.99%的引力，而又进入下一个宇宙循环阶段。我们这里叙述宇宙O转变成宇宙E或者宇宙E转变成宇宙O简短的几行文字，最多需要几分钟的时间，但是宇宙O与宇宙E之间的相互转变则需要N亿年的漫长时间，宇宙大爆炸时是斥力占99.99%以上的根据来源于理由有以下几个：

一是宇宙大爆炸至今斥力占96%以上或者更多，引力只占4%或者更少。

二是只有斥力所占比例达到极高的纯度才能发生极端的大爆炸，宇宙大爆炸是极端的大爆炸，所以发生宇宙大爆炸时是斥力所占比例在99.99%及其以上。

三是根据黑洞内的引力成分占99.99%以上而反证出来的。

四、是只有引力成分占的比例极高即纯度极高（99.99%以上）才是产生视界的条件之一。

五是宇宙运动中的所有爆炸都是斥力直接作用的结果，与引力没有任何直接关系，宇宙大爆炸也是宇宙运动中的爆炸，所以也必须是斥力直接作用的结果，并且宇宙大爆炸是极端的爆炸，所以必须是斥力占99.99%及以上发生的。

临近宇宙大收缩时黑洞数量急速增加，引力能量和引力增大，黑洞和宇宙E内的空间应该是各有一部分最紧密地包裹在宇宙E和黑洞浓缩升华N次量级的成分的外层。该层与视界外表面之间又有一层空间（这就是视界的厚度），而视界之外又有一层空间，这三个空间层次在端强大的引力作用下有不同级别的浓缩升华程度，是从内向外逐渐减少升华的级别的。宇宙E中至少有两种成分以上，必须有一个是引力成分，一个为斥力成分，奇点（宇宙E）的早期是以物质的升华N次量级，引力成分占99.99%的比例，根据是：

一宇宙运动中所有的收缩和塌陷都是引力直接作用的结果，与斥力没有任何直接关系，宇宙大收缩也是宇宙运动中的收缩，而宇宙大收缩是极端的收缩，宇宙运动中所有极端的结果都是造成这种结果的原因，也必须是极端的纯度，即纯度必须在99.99%及以上，所以也必须是引力直接作用的结果，并且只有超大引力才能造成宇宙大收缩，引力高纯度才能造成超大引力。

二黑洞的引力高达99.99%的纯度。

三宇宙大爆炸时的高纯度的斥力有99.99%及以上。因而宇宙E初期引力也应该占主导地位，而此时斥力是从属地位，晚期是斥力占主导地位，引力是从属地位，最后直到宇宙大爆炸。而宇宙大爆炸的开始和早期到现在是斥力占主导地位的宇宙，宇宙O的晚期是引力占主导地位而，且保持至大收缩。宇宙E中临近宇宙大爆炸时应该还有0.01%的引力成分，其应该就是不超过0.01%时发生了宇宙大爆炸了，这0.01%就是引力外壳，也就是后来变成的原始黑洞（原始黑洞内也应有宇宙大爆炸时的原始黑洞以外的信息），也可以说所有原始黑洞的总能量应该不会超过全宇宙总能量的0.01%。宇宙E内可能不超过10种成分或者更少，也就是说宇宙E内所含的成分极端的少。为什么将96%及以上的看不见、测不到的成分定为斥力成分？因为引力成分的天体包括黑洞都可以看到，或者看不到也能间接地观测到，比如黑洞就是间接观测到（观测到黑洞周围强大的引力将时空和周围的天体吸引得变形）。斥力成分只能从宇宙的哈勃定律推理出来，并且这些探测不到的占96%以上，所以确定96%及其以上的成分为斥力成分，最关键的一点就是说明有斥力作用形成的视界而看不到。

第四章　永恒循环的宇宙

第一节　宇宙的有限与永恒

一、宇宙的总物质，更确切地说，是宇宙的总能量是有限的，而有限的总能量所占有的空间或者说是所控制的空间必然是有限的。这是确定的。

二、宇宙的物质升华N次级，也同时带动着空间和时间（也应该包括所有运动）升华为N次级。宇宙的物质是永恒不灭的，而物质的运动也必须是永恒的，也就是说，运动是永恒的，永不停息的，而运动所需要的时间也必须是永恒的，因为所有的存在和所有的运动都必须在时间的流逝中才能实现。或者说，所有的存在和所有的运动都必须在时间的陪伴下存在和运动，这一切的存在和运动又必须在空间内完成，这说明宇宙现实只有永恒，没有无限，宇宙的两大存在形式，即宇宙O的存在形式与宇宙E的存在形式是在物质派生出的引力和斥力永恒的操纵下永恒循环运动下去，也就是从宇宙O到宇宙E或者再从宇宙E到宇宙O交替永远永恒地循环下去，永不停息。讲出所以然来，宇宙运动中所有的循环周期中的最大直径都是相同的，并且最大直径存在于宇宙O的最大时期，宇宙运动中所有的循环周期中的所有的最小直径是相同的，最小直径在宇宙E的最小时刻；所有的周期长度都是相同的，这都是引力和斥力直接作出的杰出贡献，追根溯源也就是物质的杰作，也是能量守恒的原因。

假如宇宙循环中宇宙的最大直径是六万亿光年，那么就应该是每一个循环周期的宇宙最大直径都是六万亿光年，相同精确到似复印机复印的相同，假如宇宙循环中宇宙的最小直径九百千米，那么就应是每一个循环周期的宇宙最小直径都是九百千米，其精确到似复印机复印的那样。

并且每个循环周期的长度也必须相同，其精确度同直径的精确度相同，而宇宙没有无限，但是人们常常说宇宙某某是无限的，是因为人的认识能力是有限的，并且该有限的认识能力相对于极端复杂的宇宙，就显得非常低，而是误将有限的现实认知成无限。

举个简单的例子：宇宙现实中假如最多时有一百万亿个星系，而人类现在只认识一万亿个星系，将来人类的认识能力提高到最高时也是最多只能认识二十万亿个星系，就将一百万亿个星系描述成无限个星系（实际上现实中的星系数量不是固定不变的，是在变化的）。

再举一个简单的现实例子：地球上的沙粒总数数目数量是有限的还是无限的？地球上的沙粒总数目的数量是有限的这是确定的，由于人类的认识能力是有限的，并且和宇宙的变化相比是较低的认识能力，所以将有限的沙粒总数目数量描述成无限，这是智者一种无奈的说辞而已，说得好听了就是智慧的表达。

再说一例：宇宙的总物质（总能量）都参与的宇宙大爆炸，通俗地讲，爆炸力是无限的，但是从科学的角度上讲，有限的总物质（总能量）必须是只有有限的爆炸力绝对不会有无限的爆炸力。假如宇宙大爆炸时，每一克物质的爆炸能量相当于一万个氢弹的爆炸能量，这个宇宙大爆炸的爆炸能量也是有限的，而且必须是有限的，绝对不会成为无限的爆炸能量，只是它的爆炸能量极大。

自然科学的宇宙天文规律只能被人类发现和认识，有时也有不正确的认识，再先进一步，就是通过实验来再现自然科学的宇宙天文运动规律，但是不是所有的宇宙天文运动规律都可以被完整地足够能量地再现出来，但是可将所有的宇宙天文运动规律都可以用计算机模拟出来。我支持宇宙是永恒不灭的，做循环往复运动的理论观点。

我们先将宇宙O和宇宙E（改变对方或改变自身能力最强

的成分在宇宙E）视为同一个球形天体的不同大小阶段。同一个球形天体的不同大小的不同时间段这也必须是确定的，就像我们现实中吹同一个气球，即没吹前和将该气球吹大是同一个气球一样，只是宇宙的最小时刻和宇宙的最大时刻大小差别极大，但是宇宙的最大时刻和宇宙的最小时刻是同一个宇宙的不同存在时刻，这是确定的，也就是说球形的极端的大和极端的小，是宇宙O和宇宙E之间在同一个球形内的相互转化的具体体现，关键是该球形是随着引力和斥力之间的比例大小而变化。

第二节　宇宙O和宇宙E的转变

先看宇宙O向宇宙E的转变转化，宇宙O的初期阶段是斥力占主导地位，斥力和引力相比较，此时的斥力所占比例99.99%，斥力源释放斥力是造成宇宙膨胀及其星系团不因运动速度超过逃逸速度而分崩离析和星系旋转运动的最重要的两大原因之一（另外一个最重要的原因就是引力，从宇宙大爆炸到现在是引力主要对宇宙旋转运动起到微小的作用）。引力和斥力谁占主导地位谁就在宇宙运动的两大主要原因排在第一位，而斥力所占比例在99.99%—50%多的这段时期（这里宇宙O和宇宙E有所区别，该区别就是前面讲过的在宇宙O的初期和尾期以外的其他时期引力和斥力合起来并不是99.99%因为还有一部分是非引力和非斥力，斥力的作用是压倒性的绝对的主导地位，而当斥力所占比例不足50%至0.01%时期是引力占压倒性的绝对的主导地位）；在宇宙O中斥力和引力相互作用，斥力占下风而引力占上风时，宇宙O就该减速膨胀，然后停止膨胀了，再运动发展就进入宇宙O的收缩阶段，这个阶段应该同宇宙O的膨胀阶段时间长短相同，这个阶段也是为宇宙O的大收缩做准备，当宇宙O进入黑洞弥漫期时也就进入了宇宙O的大收缩的倒计时了。

物质不灭定律和能量守恒定律，尤其是能量守恒定律更适用于宇宙学，适用于宇宙学中的宇宙循环运动的整个循环系统中（实际上其他任何不灭定律和任何能量守恒定律都是在宇宙O和宇宙E相互转变中的物质不灭和能量守恒的基础诞生出来的，可能有人会问，为什么所有的其他任何不灭定律和能量守恒定律都是在此基础上诞生出来的，只要搞清楚先有宇宙O和宇宙E还是先有其他就明白了），所以宇宙循环运动永恒不灭（宇宙E也就是宇宙大爆炸之前是组成宇宙循环史上最圆的球形并且大小在变化着，引力占99.99%时该球最小，而引力和斥力各占比例有一个时间段特别特殊时期也就是该时间段有视界接近零度时刻）。

奇点被描述成极小的点是因为：要么是能量升华N次级可以极度压缩而缩小到极端的小、要么就是错误的。先假设能量是可以被压缩的，而全宇宙的总能量假设可以被超浓缩升华

N次级后为一个极小的体积，并且该总能量与我们现在的宇宙的总能量是一样多的。因为全宇宙的总能量在整个循环变化中的所有时期是保持永恒的、永远不变的，应该必须是极小的体积，但是必须是存在的并且必须是占有时间和空间的，到底是时间空间和浓缩升华N次量级的能量以及运动都融为一体的极小体积，宇宙O与宇宙E的体积大小区别极端的大那是另当别论。

为什么接近光速运动的物质会使时间变慢？

答案应该是：高速度运行（接近光速）的物质会产生超大引力场，是超大引力场将时间变慢。（超过时速数万千米从上至下垂直撞击水面，此刻水面似水泥墙一样的坚硬，那么接近光速运行的物质在空间运行该空间也是否似被撞击的一个坚固的水泥墙？）还有就是相对于同等距离高速运行比低速运行用的时间短。超大引力场与接近光速的运动都会使时间变慢这是确定的这两个变慢是否有什么不同的更多原因？只有遵守能量守恒定律才能有科学的解释和科学正确推理并且得出科学的唯一正确结论；但是引力和斥力是永恒（当然引力当占0.01%可以忽略不计，也可以人为视为无引力；斥力占0.01%时也可以忽略不计，也可以视为无斥力）的，物质也是永恒不灭的（物质会在一定条件下以浓缩升华N次量级的能量存在形式而存在）……能量守恒定律怎么守恒，为什么会守恒等完全套入宇宙学中，当宇宙O将斥力成分消耗到低于引力成分所占的比例时，是引力占主导地位时宇宙O将减慢膨胀速度，然后停止膨胀再主要是从宇宙O的外层向内收缩，还要必须经过一个黑洞弥漫期，就是整个宇宙O开始收缩至大收缩前的准备阶段，此时整个宇宙O充满了黑洞，所有黑洞之间都保持在安全距离内，即谁也吃不着谁，此时为宇宙的空间最黑暗期，整个宇宙O的空间见不到一丝光亮（是众多黑洞将其吸收），此时所有发光天体和不发光的天体，都变为黑洞或被黑洞吃掉，经过漫长的黑暗期（此时期为宇宙循环的所有阶段中宇宙空间平均温度最低时期，同时也是最黑暗时期，即指黑洞以外的黑暗空间的温度）迎来了宇宙大收缩也就是到宇宙的奇点（宇宙E）。宇宙E就是宇宙循环的所有环节中温度最高的（大爆炸除外）和容量最大的（体积最小且容量最大，这里指将全宇宙的一切都包容在单独、唯一的天体之内）大熔炉，尤其是大收缩至大爆炸前这个时间就像重新洗牌更似重新铸牌（这个期间的漫长运动以将引力转变成斥力为主，而且这个期间的运动速度最慢，运动种类最少最简单……不像现在的宇宙O还有人类社会运动等等这么复杂……），就是把宇宙中的一切收缩在这个宇宙史上引力最大，压力最大，温度最高，使其能量升华N次级的内部（此时就是宇宙史上容量最大的熔炉将宇宙中所有的物质（这时应该是浓缩升华N次级）集中在其内，运动变化至宇宙大爆炸，重新生成总星系及全宇宙O，（此时是重新洗牌更是重新铸牌，也就是说上次的银河系中的一部分可能成为宇宙大爆炸之后另外一个十分遥远的星系的一部分……）宇宙是永恒不灭、永远运动不息的（只是在两个存在形式的转变转化中，一个为隐形的宇宙E，一个是宇宙O即以有显形为特征（也有隐形的为主的时刻和大量的隐形天体，宇宙O的初期是以斥力占主导地位的隐形以及到临近大收缩时基本都是引力隐形天体）。

第三节 物质不灭和隐形

一个是宇宙E即以隐形为特征，人类通常将隐形宇宙E理解为无了，是基于以下这个括号内所述：逆推理和最大引力而形成最大压力而进一步形成能量升华N次级的存在形式、物质不灭定律和从物质是宇宙内决定、控制、主宰和统治宇宙内一切的基础。物质有多种存在形式，为叙述方便如前所述我们只将物质分成两种存在形式，尤其是浓缩升N次量级的存在形式，而宇宙E就都是这种浓缩升华N次级的物质，更准确地说是浓缩升华N次级的能量的存在形式。

从物质不灭定律推断出：确定物质（在这里必须注明包括以能量升华N次级的物质和能量的存在形式和物质的一切存在形式在内）永恒不灭，那么物质的存在必须在一定的时间的流逝中的存在，所以必须也是时间也永恒不灭（有时的时间是极端的状态），物质的存在也必须占用一定的空间，所以也就必须有空间永远永恒不灭（有时的空间是极端的状态）；同样从整个宇宙循环史上看有物质就必定有引力，那么物质永恒不灭必定引力也永恒不灭，所以也一定有引力不灭。

又：从宇宙整个循环中看有物质又必定有斥力，有物质不灭定律也同样必须有斥力不灭定律；可以将斥力和引力看为物质的另外两种存在形式，也是物质的最极端最特殊的两个存在形式，物质不灭定律永恒也即运动不灭，所以也必须有运动不灭定律而且以上所有的不灭定律都必须在球形（和前面的空间应该是同样）内存在，所以该球形也必须永恒不灭，只是该球形在极端的大与极端的小之间永恒循环地变化着（宇宙E即宇宙大爆炸前的奇点内也是有物质的只是此时的物质是浓缩升华N次量级别了，那么其他如时间、空间等也都必定浓缩升华N次量级了）……

又：除了时间和空间这两个，宇宙的一切都是由物质产生出来的包括已知的引力、斥力、光，等等，除了时间、空间以外的其他一切归属于物质……而且物质主宰控制空间的大小运动和时间的变速运动，物质不灭定律也应该而且更应该适用于宇宙学，尤其宇宙O（宇宙O也是将宇宙的一切容纳在宇宙O内）同宇宙E之间互相转变时表现出能量守恒，其他能量守恒定律都是由此能量守恒定律诞生出来的，这里最关键的是时间守恒，也就是说宇宙O的运动总时间同宇宙E的运动总时间是完全相等的，所有的循环时期都相同，在这里为什么空间不守恒？最突出最特别的是引起宇宙的存在形式的变化这是由宇宙O和宇宙E形成的原因不同而造成的，这就是又回到了全宇宙总引力释放的结束是全宇宙总斥力释放的开始，全宇宙总斥力释放的结束又是全宇宙总引力释放的开始，也就是引力造就宇宙大收缩而形成宇宙E，也是引力将宇宙从最大向最小运动，斥力造就宇宙大爆炸而形成宇宙O也是斥力将宇宙从最小向最大运动……（应该是对称性的破缺），也就是说宇宙O的空间极端的大，目前还在不断扩大着，而宇宙E的空间又极端的小，这就是好像极端大的球形被折叠成极端多的皱褶（也就是所谓极端多的维）并且被极端的浓缩升华N次量级（通俗地讲就是该空间被极端化了浓缩升华N级了），同被浓缩升华N次量级的时间和被浓缩升华N次量级物质也就是浓缩升华N次量级的能量极端地统一在一起，在这里是时间空间，物质（在这里物质只能是物质B包括以能量升华N次量级的存在形式）三者统一为一了（这里要加入物质有以能量存在形式而且还有是以升华N次级的能量存在形式……

以往主要理论认为宇宙大爆炸之前是从无中生来的，实际上这个无也必须应该是该时期宇宙的总能量与现在的总能量相等地存在着，只是总能量是升华N次级、实际上宇宙从任何时期它的总质量（总能量）都是守恒不变的，这是能量守恒定律在宇宙运动的回归，因为能量守恒是宇宙本身现实存在的，是诞生出其他守恒定律的母体，只是人类将其发现并且理论化用文字记载保存下来的。

第五章　宇宙的两大存在形式

第一节　宇宙E的运动

引力和斥力相互作用和相互转变是引起宇宙O同宇宙E之间相互转变的动力所在。黑洞的引力成分应该占主导地位而斥力是被主导地位，引力所占比例应该在99.99%以上。

单独天体引力成分占99.99%以上和黑洞质量以上的质量才能形成视界，两个条件缺一不可，这就是引力视界所必备的先决条件。

在这里黑洞同宇宙E相同之处就是都具备将引力成分之外的其他成分，尤为特殊的就是将斥力成分转变为引力成分，不同之处是宇宙E在形成之后又具备将自己的引力成分转变成为斥力成分。

先从宇宙E的形成说起，宇宙E应该形成于宇宙大收缩，刚形成初期是引力占99.99%以上（因为只有引力才能引起收缩，而且只有极高纯度和极强大的引力才能造成宇宙大收缩），然后就是引力成分向着斥力成分转变的运动过程直到宇宙大爆炸，也就是前面讲的：引力是引起宇宙大收缩的决定性因素，宇宙大收缩与斥力和其他因素没有任何直接关系；斥力是引起宇宙大爆炸的决定性因素，宇宙大爆炸与引力和其他因素没有任何直接关系。宇宙E在产生将引力改变成斥力的条件后将这种条件保持到宇宙大爆炸时结束，但是黑洞则没有这种能力，可以说黑洞是一黑到底。

凡是有引力视界的引力源天体都必定是超大引力造成的，而形成如此超大引力必定是引力成分占极端多的比例，所占比例在99.99%以上，而黑洞就是有视界的引力源天体，所以黑洞的引力比例一定在99.99%以上，将来人类会测量到黑洞的引力成分所占99.99%及其以上的比例的，由黑洞的引力所占比例推理出，奇点也就是宇宙E从形成到结束的整个过程的引力所占比例最高时占99.99%以上，最低时应该是引力占0.01%以下，而当引力所占比例低于0.01%时宇宙E就接近宇宙大爆炸或者已经发生了宇宙大爆炸。

第二节　循环周期的计算公式和守恒

质量守恒：质量既不创生，也不消亡，而是从一处输运到另一处，或者是一种存在形式转变为其他存在形式，在输运或转变过程中质量的总量不变。

能量转化与能量守恒：能量既不创生，也不消亡，而只是从一处输运到另一处，从一种形式转变为其他形式，在输运或转变的过程中，能量的总量保持不变，一切形式的能量总和在保持恒定（常量）从质能转变上来讲质量守恒与能量守恒可合为一个定律（应该是相对论中有述），这里的能量守恒和质量守恒实际上从整个宇宙循环的角度看也是物质的存在形式。

宇宙O同宇宙E的总能量是守恒的，即宇宙O的总能量和宇宙E的总能量是相等的，而且是诞生出宇宙中所有的其他能量守恒定律，也就是所有的能量守恒都是根源于宇宙O同宇宙E之间的能量守恒，只是人类在发现能量守恒上先发现了宇宙O同宇宙E之间以外的能量守恒，而后是我们今天发现了宇宙O同宇宙E之间相互转变中的能量守恒，就像有相同基因的父子俩，我们先认识了儿子后很长时间，才又认识了儿子的父亲，但是从因果关系上仍然是儿子传承了他父亲的基因，而不是相反。而且宇宙O同宇宙E之间的总运动的时间是一样的也就是时间守恒，时间守恒也是从对称性和能量守恒中诞生出来的。

又：物质A同物质B的相互转换也必须是守恒的即物质A有N，能量转变成物质B，能量还是N，其数量不多也不少。

物质同能量之间的相互转换，包括能量升华N次级，即指除了物质以外的其他所有的能量级形式。从现在的整个宇宙包括看得见和看不见的，人类探测到和没探测到的，已知和未知的，包括在内宇宙的总能量（也就是说总物质）是永恒的、恒定不变的，所有的变化都只是物质的存在形式的变化（包括所有能量的变化）和所有运动形式的变化。由此可以推断出宇宙中除了空间和时间及其运动外其他一切都是物质或者是物质的其他存在形式（例如，光也是物质的另一种存在形式。光是一种能量，从能量与物质可以相互转化中得出，光是物质的另一种存在形式，实际上运动也是物质的一种存在形式而且是不能缺少的一种物质的存在形式）。其实运动也是物质的运动，包括时间的快慢，变速运动和空间大小变化的运动也应该是物质运动而引起的时间运动和空间的运动，现在我们人类所能够看到的或者间接探测到的物质除黑洞外大多以物质A的现有存在形式而存在，还有绝大部分无法探测到，而宇宙大爆炸之前是以物质的能量浓缩升华N次级的存在形式而存在、黑洞的存在形式也是物质的能量升华的存在形式而存在，并且是以引力能的存在形式而存在。只是不同于宇宙E的初期至宇宙大爆炸之前那样升华N次级的形式而存在，而且宇宙大爆炸前的引力外壳的只占0.01%的比例。宇宙E是从引力占99.99%到斥力占99.99%，但是黑洞只有高纯度的引力成分，这要从宇宙E是怎么形成的说起。

宇宙的整个循环运动中的所有时期的收缩都是引力直接作

用的结果，与斥力没有任何直接关系，而宇宙大收缩也是收缩，这就是说宇宙大收缩必然是引力造就的结果，并且宇宙大收缩是全宇宙的所有循环时期中的极端收缩，所以必须是引力所占比例极端高时发生的宇宙大收缩，应该是占99.99%的引力引起了宇宙大收缩，宇宙E就是引力引起宇宙大收缩所造成的结果，所以宇宙E刚形成时的初期时刻的引力所占比例应该是99.99%。

那么宇宙大爆炸又是如何造成的？也就是当斥力在全宇宙总能量所占比例达到极端高的比例时发生了宇宙大爆炸，而由此以上推理出宇宙E内是绝对有运动的，这个运动最主要的是由引力向斥力转变转化的运动。引力能和斥力能都有超浓缩升华N次级的能量时期。有科学推定：宇宙大爆炸刚发生时的微波辐射是引力，并且被测到，这是宇宙O由斥力直接转变为引力的实际例证，这个结论如果是真实的话，那么就只有一个情况斥力在一百多亿年的运动运行中就由斥力转变成为引力了，因为宇宙大爆炸发生的初期是斥力占主导地位，达99.99%以上，而引力占0.01%。假如宇宙大爆炸之前和宇宙E刚形成时升华五百次级或者更多，那么黑洞最多升华几次或者一两次，现在的宇宙中的最大质量黑洞和最小质量黑洞升华的N次级也应该是不相同的，但是所有黑洞质量的视界外边缘的引力强度应该是相同的。根据能量守恒定律推理出其更应该适用于宇宙学中，所以宇宙大爆炸之前的总能量（总质量）与现在的宇宙总能量（总质量）是相同的。从宇宙大收缩完成后到宇宙大爆炸之前的宇宙E的中心点无引力也无斥力，只有宇宙循环史上最强大的压力，宇宙E的前半段时间主要是引力形成的最强大的压力，而后半段时间主要是斥力形成的最强大的压力，当然也应该有引力外壳的作用，而且由于一种成分引起引力成分转变为斥力成分在此中心点产生，从内部中心点开始由引力转变为斥力，是因为假如从表面开始转变的话，那么到斥力成分占的比例达到60%左右之前应该就会发生宇宙大爆炸，但从现实的大爆炸推算出宇宙大爆炸时是斥力占99.99%左右，这里是从结果中来推断出原因的。

最关键的因素应该是宇宙E的中心点上的压力和温度都最高，并且产生了将引力转变成斥力的条件了，再一个原因就是引力的释放转变同斥力相反，斥力是向外释放转变，而引力是向内释放转变（引力出来后再回到引力源），也就是从内部中心转变，所以应该是从宇宙E的中心核心点开始转变的，其由引力向斥力转变是从中心向外一个圆球整面转为斥力，接着又一个圆球整面转为斥力，这样由内向外整面地转为斥力，直到宇宙大爆炸结束转变。

宇宙O是点（点就是黑洞，下同）状的转变，即由一点到多点再到N个点，然后再到所有的天体都转为（黑洞）点，这些点合并为单独的超级黑洞成为宇宙E。宇宙O为什么从最外层开始由斥力转变为引力？是因为停止膨胀是从最外层开始的，并且从最外层开始收缩，这是确定的。假如从中心开始收缩那么就有可能将最远处的成分遗失而收缩不回来这也是从结果推断出原因的。

又：宇宙的边缘与宇宙的中心相比，其密度应该是从中心到外层越来越低，这是从整个宇宙的平均密度上来讲的，宇宙应该是先从离中心最远处开始无斥力的。

黑洞同黑洞之间寿命长度相差极大，比如现在产生的黑洞与邻近宇宙大收缩时产生的黑洞的寿命长度相差就极端的大。当宇宙大收缩以后所有的黑洞就不存在了，都合并为全宇宙单独的整体，也就是整个宇宙循环史上最大的黑洞，也是都统归为宇宙E了。

可找出宇宙总循环的时间长度的计算方法有多种，宇宙E从中心核开始转变，再逐次到外层转变成为斥力成分后发生大爆炸，从大收缩后到大爆炸之前的奇点的视界直径体积并不是始终一样大，视界直径是宇宙E最初时最大，这也是根据全宇宙所有的收缩塌陷都是引力直接作用的结果，与斥力没有任何直接关系。全宇宙所有的膨胀、爆炸都是斥力直接作用的结果，与引力没有任何直接关系。

宇宙E为什么将全宇宙所有的总物质（总能量）收缩为极端小的体积？这就是全宇宙的总能量都转变成引力的性质了。试想整个全宇宙的总能量都转变成引力能量成分，而宇宙E的体积从最初的最小到临近宇宙大爆炸时的宇宙E的最大体积，是斥力能量增加和引力能量的减少的结果。与之相反的是全宇宙总能量的收缩而变成宇宙E，视界内是最圆的唯一天体的直径，也就是宇宙E的直径也不是一样大，而是从刚形成时的最小到宇宙大爆炸前的最大，即体积是逐渐增大的。

当宇宙大收缩刚完成时，引力所占比例高达99.99%以上，此时的宇宙E的组成成分是直径最小，视界却最大，同临近大爆炸（和大爆炸刚刚形成时）时的斥力占99.99%最接近。随着引力逐渐释放而引力成分所占比例逐渐减少，斥力成分的逐渐增多，宇宙E的直径开始变大，这里最突出的一点就是宇宙E刚形成时引力占99.99%，其宇宙E是在整个宇宙循环史上最圆的球形，关键是该球形直径是最小，而视界的直径却最大，宇宙E组成成分是每一个循环中的整个宇宙循环史上最小直径，并且是所含成分的种类也是在整个宇宙循环史上最少的。

从宇宙相互对应来讲现今宇宙（从大爆炸到大收缩期间）由斥力转变成引力应该主要是从宇宙的最外层开始逐渐到宇宙的中心点转变为引力，即是宇宙大收缩；从大收缩完成后至宇宙大爆炸前的曾经的所谓奇点也就是宇宙E有过曾经最少是一次最大的视界。奇点视界的直径在引力成分占99.99%时是最大视界直径，引力成分在奇点的多少的变化引起奇点直径大小的逐渐变化的。假设从引力占宇宙E的50%后每消耗1%的引力能量并且转变为1%的斥力时宇宙E的直径扩大一倍，为直观一些我们假设宇宙E最小时的直径为10千米，那么当宇宙E

从引力占50%左右开始扩大时每消耗1%的引力能量转变为斥力能量扩大直径为20千米、消耗2%的引力能量其直径扩大为40千米、消耗3%的引力能量扩大为80千米。（当然，这只是一个假设的比喻不一定精确）如上所述：宇宙E的视界也是有变化的：一个是视界的直径大小有变化，另一个是视界的强度大小有变化。强度和直径大小有可能接近零度或者说就是零度视界。在这里为什么说是零度视界而不说无视界？因为在宇宙E这里曾经有过整个宇宙循环史上最强大的视界所谓的零视界就是区别于从来就无视界的更好对比，此零视界的时间长短与有视界的时间长短相比较只是瞬间的短暂存在。

还有一点是宇宙E的组成成分的直径由小到大变化着，宇宙可以说是弹性的，其空间、时间、物质、运动这四项都是有弹性的，即都可伸缩的，这些都是宇宙现实实践验证的。而这些弹性的发生都是在引力和斥力的共同作用下发生的，而引力和斥力都来源于物质（或者说是物质的升华形式），只有物质（包括物质A和物质B也是包括物质的所有的一切存在形式）才会有自己改变、提升起自己的能力，宇宙运动中发生的一切追根溯源都是物质作用的结果，也可以说都是物质运动的结果，更形象直观地来讲，是物质使用引力和斥力来左右和掌控主宰统治宇宙运动中所发生的一切。

现在的宇宙O的运动存在的总时间同宇宙大爆炸前的宇宙E的运动的总时间应该是一样长久的，我们人为将宇宙设有两大存在形式。实际上宇宙循环的现实中的确只存在两大存在形式，为什么全宇宙的整个循环过程中只存在两大存在形式？这就是因为决定整个宇宙大存在（指总物质，而不是单独指体积，改变和决定宇宙存在形式的只有两个，这就是从物质中产生出来的引力和斥力）也是宇宙循环中两个同等能量最大的转折是宇宙大收缩和宇宙大爆炸，这是任何一切转折都无法相比的，也就是其他的一切转折，都是在此两个转折的基础之上的转折，没有这两大转折，尤其是如果没有宇宙大爆炸的转折，就没有后来的一切转折。

为什么只存在两大存在形式？是因为只有物质产生的引力和斥力才能改变宇宙的大的存在形式，其他任何一切都不足以改变整个宇宙的存在形式，并且只有引力和斥力这一对力在宇宙中所占的比例的变化才能引起宇宙存在形式的变化，也就是说，只有两种力对宇宙大的存在形式起绝对的决定主导作用，也就是引力和斥力决定宇宙 O 和宇宙 E 的存在形式，宇宙 O 是以总星系分散（最极端的分离）到停止膨胀后，以后不再继续膨胀的瞬间是分离到最大，然后开始收缩，再到宇宙大收缩就进入循环阶段的宇宙 E 阶段。宇宙 O 的初期至一半的时间以斥力占主导地位，而后半段时间是以引力占主导地位的存在形式而存在，即从宇宙大爆炸到宇宙大收缩；而宇宙 E 内物质浓缩升华 N 次量级，由此产生极端的强大的引力，该引力强大到将时间也浓缩升华 N 次量级，超强大的引力也将空间浓缩升华 N

次量级，也同时强大到将引力自身转变为斥力，这种引力强大到将引力自身转变为斥力是宇宙 E 发生宇宙大爆炸的关键所在（否则就不会有宇宙大爆炸），也就是说时间变得极端的慢速，从而引起的运动变慢。

我们单独就时间来讲其快慢，更突出时间的运动，而实际上是时间的运动是在物质运动的基础上运动的，确定地说是物质运动（这里主要指物质产生的引力和斥力之间的比例大小的变化运动）引起时间的变速运动，也就是说时间的变快变慢，这里应该为时间的运动是有方向性的，不可逆的也就是所谓的一维。

还有一种情况也是方向性的，也就是黑洞视界内（应该是所有视界的引力天体的视界内物质运动都应该有方向性），当进入视界内的物质向黑洞中心高速加速度运动的，而向其他方向应该为极端慢的运动或者不向其他方向运动，即不向垂直背离黑洞中心方向运动。在有视界的黑洞内引力是可以向黑洞中心方向和向背离黑洞中心方向都运动的，该引力此时的运动速度都是超光速的，否则就不会有引力视界的存在，也就不能称为黑洞，并且时间的运动是和物质及其空间分不开的，应该为同时，为了更突出时间被浓缩升华 N 次量级才这样说的。

空间也是运动的（指空间大小的变化），该运动和时间一样也是在物质运动的基础之上运动的，是物质运动引起空间的运动，最为显著和最为突出的就是从宇宙 O 的最大空间到宇宙

E（此时空间、时间、物质等都极端统一了）的最小空间的运动和从宇宙E最小空间向宇宙O的最大空间运动，当然在宇宙E内是物质和时间和空间都极端而合为一了，也极端的慢速，又由于该引力强大到将空间也同时浓缩升华N次量级，也就是说将空间浓缩到极端的小（应该并不是将曾经的宇宙O最大的空间时的所有空间都浓缩成一个极端小的空间，而是将一部分宇宙E所能控制的范围之内的空间浓缩升华到极端小的体积，而且更没有浓缩升华宇宙E控制之外的空间），并且浓缩为极端多的维度，由此，物质、时间、空间三者浓缩合为一，也就最大的统一，这是宇宙循环史上最强大的统一，也就是说，所谓宇宙大爆炸前的奇点并不是无，而是最极端、最强大、最全面的统一（宇宙大爆炸前也就是宇宙E内的一切都是浓缩升华N次级的），是将全宇宙中一切的一切统一为一了，是以集中的而且是极端极度的集中，如此条件下造就成极端慢的运动，不能称为普通的物质运动了，只能为浓缩升华N次量级能量的运动，并且是在浓缩升华N次量级的空间极端多维的和浓缩升华N次量级时间极慢速地运动的，并且是极端的统一为一体极端慢速运动。在宇宙E里时间被浓缩升华N次级就是表现为极端的慢速，空间被浓缩升华N次级表现为极端的小和极端的多维，最初的前半段时间是以引力占主导地位的存在形式而存在，而后半段时间是以斥力占主导地位的存在形式而存在的（引力和斥力各有一半的时间占主导地位）。这就是宇宙大收缩完成后直到宇宙爆炸前的宇宙E的存在形式。宇宙O和宇宙E又有一个明显的区别，就是宇宙O中的所含成分种类极多（物质的存在形式极端的多，别管人类存在的社会层次了，当然人类社会的形成和存在追根溯源到最后还是从物质中产生出来的），而宇宙E中的所含成分种类极少。

我们再看看黑洞是不是在时间和空间的陪伴下的存在，也就是黑洞有没有时间和空间。黑洞的引力成分是浓缩升华N次级的引力能量，该引力能表层与视界之间厚度就是空间肯定有一定的空间，该空间是在黑洞的主宰和统治控制之下这就是黑洞的空间，有空间和升华N次级的能量的存在就一定有运动，而运动没有不需要时间的运动，所以说时间是肯定有的，可以将宇宙E视为是宇宙中极端大的唯一单独黑洞就可理解宇宙E时间、空间和物质（在这里为浓缩升华N次级的能量存在形式而存在，只是比黑洞浓缩升华高很多级）是黑洞中的引力占99.99%甚至更高，因为只有超大的引力和引力所占比例极端的多才能产生超大压力并且有视界才能成为黑洞，是黑洞内的极端超大压力将斥力压缩转变成引力了，此区域的斥力只有极少的光所产生的斥力了，少到可以忽略不计，但是斥力还有，从整个宇宙循环中说宇宙O的任何一切都可以继续被压缩、被浓缩、升华，没有不可以被继续压缩和浓缩升华的成分，就是黑洞都可以继续被压缩浓缩升华，其密度都可以继续增加，该天体体积继续缩小（黑洞视界内的运动之一就是强大的引力出去又返回黑洞）。

有一种观点认为黑洞达到一定质量会爆炸，这种黑洞爆炸应该没有存在的可能，其不可能存在的理由如下：

一、宇宙运动中所有的爆炸、膨胀都是斥力直接作用的结果，与引力没有任何直接关系。

二、由于黑洞的引力、温度、比重都达不到爆炸的条件，尤其是物质B的能量升华级别太小，黑洞不具备将引力能变成斥力能的条件，而有视界的超大引力天体只有将引力转变为斥力并且斥力，达到一定比例才能爆炸，所以黑洞才不会爆炸。

三、宇宙永生不灭，永恒循环，周而复始。如果黑洞大到一定质量就发生爆炸就永远不会有宇宙大爆炸前的所谓奇点，也就是宇宙E。而宇宙E是宇宙大爆炸的基础，没有了宇宙大爆炸的基础，也就永远不会发生宇宙大爆炸，只有全宇宙成为唯一的天体才具备宇宙大爆炸的所有条件。也就是说，不论黑洞的自身质量有多大，都不会发生大爆炸，除非全宇宙所有的总能量成为单独的黑洞天体，并且必须具备将引力转变成斥力的先决条件，也就是奇点（宇宙E）。

黑洞的引力压力虽然达不到消耗释放转化将引力变成斥力的能力（条件），但是黑洞有能力将斥力转变成引力的能力或者条件。黑洞中心压力应该比外层压力大，即从中心开始向外层的压力越来越小，宇宙大爆炸前的宇宙E唯一天体也是如此，但是唯一天体还具备消耗转变转化引力的能力条件，也就是说能够将引力成分转变成斥力成分，并且是从中心开始向外层逐渐消耗转变转化的，就是像我们在生活中剥洋葱一样，与我们生活中剥洋葱不同的是洋葱是从外向内逐层逐层地剥，而宇宙E却是从内部中心点开始剥的，是逐层逐层由内向外剥的，并将引力转变为斥力，由此推理出从宇宙大收缩到宇宙大爆炸前的期间，这期间是从大收缩完成后到过半的时间之前是引力占主导地位，所占比例值最高时达99.99%，甚至更高，到临近宇宙大爆炸时的99.99%的斥力略低，这也就是宇宙E的整个过程中的主要运动就是由99.99%的引力转变转化成99.99%的斥力，并由此逆推理出宇宙大爆炸之初斥力占主导地位，其所占比例高达99.99%或者更高，从宇宙大爆炸至今历时137亿年，暂时按照137亿年算。

由放射性元素及其衰变产物在地球上的相对丰度定出地球年龄是宇宙年龄的下限，而进一步的研究其可提供宇宙年龄的估计，用来测量天体年龄的放射性元素通常有半衰期为202.7亿年的Th235（钍）半衰期为692亿年的Rb87，半衰期为628亿年的BE187，及U235和U238。用放射性元素只能测量以前的宇宙历史有多长久，也就是说从大爆炸至今的宇宙年龄，而无法估算出宇宙（宇宙O）还要运动多少年。而下面所用的方法可以测量宇宙还要继续运动多少年，也就是说可以计算出宇宙循环运动一个完整的周期所需要的总时间，该方法就是将从大爆炸至今消耗了大约4%的斥力能量也即转变成了引力能量大约4%（将大约4%的比例需要提纯即去掉引力中的斥力成分1%，然后又有1%的成分由斥力成分转变为既无引力成分也无斥力成分的中间成分。注意：现在有将暗物质（实际上如此的暗物质在宇宙的任何时期也不存在）列入在引力成分之内的，如果宇宙现实中暗物质确实是引力成分那就重新分配引力和斥力之间的比例数，重新计算，但是我坚信暗物质是斥力成分并且是有视界的强大斥力成分）提纯得出从宇宙大爆炸到今天是2%的较纯的引力成分（得出的就是转变1%的引力成分所需要的时间是6850亿年，当然还有其他方法计算预测宇宙的年龄，如每形成1%的引力成分外加每消耗掉1%的斥力成分所用的时间结合起来会更好……将这些计算结果综合起来会更好）也就是每转变1%的引力成分需要68.5亿年，用68.5乘以100，是要将100%的斥力成分转变成100%的引力成分需要6850年（这里需要说明100%至1%的消耗转变是都需要同样的时间还是开始的慢到最后会加快，如果时间不一样快可用数学平均它们……到底提纯多少需要更精确的计算，暂时照2%算起）。是宇宙O的存在时间需要6850亿年左右，相应的从宇宙大收缩至宇宙大爆炸前大约也需要6850亿年左右，根据对称性原理是这样推理出宇宙O同宇宙E的存在时间是相同的（因为如前所述的两大存在形式的总能量相同），即宇宙O和宇宙E的运动和存在的时间都为6850亿年左右，用6850乘以2就是宇宙O和宇宙E为一个总循环结束的总时间是13700亿年左右。

从宇宙大爆炸至今的时间是137亿年被提纯后的纯引力总数为2，由137被2除得出68.5这就是将1％的斥力转变1％的引所需要的是68.5亿年的时间，用68.5乘以100就是100％的斥力转变100％的引力所需要的时间为6850亿年，再用6850乘以2得出的结果为整个宇宙循环一个完整的周期所需要的总时间为13700亿年，总之通过消耗和变化引力或者斥力能量可以计算出宇宙的周期循环的时间还要结合其他方法。（当然不一定精确，这里只是给出计算宇宙循环一个周期需要的方法。要精确算出宇宙总循环一个周期的时间，必须将每一个步骤都精确到位才能实现）两个引起（引力引起宇宙大收缩并且形成宇宙E，斥力引起宇宙大爆炸并且形成宇宙O）和两个等同，（宇宙O同宇宙E存在的时间等同；宇宙O同宇宙E的能量，等同于实际上宇宙的总能量不论何时都永远不变的）在宇宙的运动历史中的总循环中，当全宇宙的总引力的能量释放结束时就是都转为斥力能了（相互转化为主导地位）当全宇宙的总斥力能量释放结束时就是都转为引力能了，从宇宙大爆炸之前，到宇宙大爆炸的突变实际上有漫长的逐渐运动变化而形成的为突变打下基础的。从宇宙大爆炸前的奇点过了一半多的时间至大爆炸后的一半时间以前的这段时间，是斥力占主导地位的。从宇宙大爆炸后过一半时间多、后至宇宙大收缩成功后没达到一半时间以前是引力占主导地位。

宇宙中的生物生命：植物、动物、微生物等生成于宇宙O

中，即斥力在全局占主导地位，也就是前面所说的生命生成于引力占主导地位的区域空间并且该空间，区域的引力不能过大，宇宙必须只有两大存在形式原因是。决定宇宙存在形式的只有两大因素。一个是引力能因素，另一个是斥力能因素，即：宇宙O同宇宙E之间必须相互转化，因为宇宙O的转变运动是斥力消耗，是逐渐消耗斥力并且逐渐转化成引力，而斥力消耗干净结束的结果是都向引力转化转变了，也就到了宇宙大收缩了，并且形成了宇宙E，宇宙E的转变运动是引力消耗向斥力转化转变，这种消耗转变也是逐渐的，当引力消耗干净都转变成斥力的结果就会发生宇宙大爆炸，发生宇宙大爆炸也就是进入到宇宙O的存在形式了，从以上得出宇宙大收缩的必然性和宇宙大爆炸的必然性，这两种转变转化是交替的是永恒的永不停止的，所以宇宙绝对不会永远膨胀的也不会永远收缩的。

第三节　宇宙密度的变化

宇宙的平均密度不是恒定不变的，它的平均密度是随引力和斥力所占比例变化而变化着的，（当引力所占比例最高时，其平均密度也最高，此时的斥力所占比例最低）。当宇宙的空间最大时也是平均密度最小时，当宇宙空间最小时平均密度也就最大，从而得出：宇宙空间大小与密度成反比，密度大小变化主要是由物质来决定的，其实主要是由物质产生的引力和斥（力）所占比例变化决定的。全宇宙总引力所占比例最高时刻，也是全宇宙总密度最高时刻，从中得到不只是宇宙密度变化，并且是宇宙物质的所有存在形式的密度都应该有变化，现在我们主要来探讨引力、斥力、光线这三者的密度，是距离引力源越远其引力密度也就越低。

1.引力密度的变化从黑洞的存在中可以得出：引力密度距离引力源越远其引力密度越低，引力强度越低同时引力速度也越低，这是从黑洞有视界的存在中就知道，进入视界内的一切都出不来，包括光线，这说明视界内的引力强大到连光线也出不来，视界外附近的引力也非常强大，只是比（视界的速度也是距引力源最近也最快的）及其以内的引力略小，而视界内越接近引力源近的话其引力强度也就越大，同时密度也越大。

2.斥力密度的变化：斥力距离斥力源越远其密度越低，斥力的速度也越低，并且斥力还有折射的性质，也就是当斥力向前运动时遇到障碍物主要指天体时就会改变方向折射出去，这同光线折射差不多。

3.光线的密度变化：光线的速度是有限的，光线的长度也必须是有限的，光线密度也必定有变化。光线密度与光线的亮度有密切的关系，即光线的密度大其亮度也必须强大，光线的密度小其亮度也必须小。小相对于观测者来说，红移是将光线稀释了（密度减少了），蓝移是将光线浓缩了（密度增加了）。

第六章 宇宙学中的疑难问题

　　对于我们人类居住的地球上夜晚为什么是黑暗以往有论述，我再加两点：

　　一是根据光速是有限的推理出光的射程也是有限的，尤其是光所含照亮黑暗的那些成分到达不了地球上。

　　二是从斥力所占的比例在96%以上（就是按照现在有将暗物质归为引力成分算起斥力和引力相比，斥力也占73%以上）是斥力将射向地球的光排斥回去了一部分，还是全部排斥回去？宇宙之外应该有空间？在宇宙E内应该有光的存在，该光也是极端的浓缩升华为N次量级，并且具有极端强大的斥力强度（推测该光应该在此时此刻是浓缩升华N次量级的最强大斥力的代名词或符号，宇宙循环史上再也没有比其更强大的斥力的光，在此点推测该光是不是将引力成分转变成斥力成分？并且向外层逐渐扩大的转变成斥力成分直到宇宙大爆炸）有论述说宇宙大爆炸后的前38万年探测不到同32秒内从极端的小扩

172

大到一光年应该是矛盾的，探测不到前38万年，32秒的确应该在38万年以内并且是最初的32秒，探测不到怎么知道32秒内扩大一光年？宇宙大爆炸最初时刻同奇点一样，任何计算任何定律公式都是无效的。根据宇宙大爆炸后至今宇宙还继续膨胀扩大并且是加速膨胀推理出宇宙是有限又永恒的运动着，宇宙之外是有空间的，有限的宇宙在所控制的有限的空间中永恒地运动着。

我们假设一个好玩的例子：我们用纯度高达99.99%钻石堆积成超过黑洞质量的天体（科学报道：宇宙中有纯钻石天体）看看是否能堆积成功，如果堆积成功，是先成为恒星，还是直接成为黑洞？这里关键看钻石是引力占主导地位，还是斥力占主导地位，是堆积到一定的量后发生质的改变。

我们假设有两个同时飞行的装置速度都为25万千米每秒是同一方向平行前进，飞行装置1前端和后端各有发光源，前端的发光源将光射向前方，后端发光源将光射向后方，并且前后两端的光源共用一个电源开关，而飞行装置2也是观察2上有观察装置始终观察着飞行装置1的前后光线，再设一个相对于飞行装置的固定观察点（为观察1），也始终观察飞行装置1，当飞行装置1打开光源开关时，如果飞行装置2观察到前后光线都30万千米每秒射向前后，固定观察点1观察到的结果也是前后光源，射向前后的不应都为光速为30万千米每秒，而应该是射向前方的光速为五十五万千米每秒，而射向后方的光速为5万千米每秒。又：如果观察1观察到飞行装置1的前后端的光速都为30万千米每秒，那么观察2所观察的装置1的前端光速应为每秒5万千米每秒？射向后端的光速应为每秒55万千米。

我们假设有两束光线平行向前同时运动，光线A射向十亿千米外的天体途中贴近十个超级黑洞天体的视界外缘，刚好进不了视界内，光线B射向十亿千米外的与光线A射向同一个天体而不经过任何引力源，请问是到底光线A和B谁先到达该天体，我们知道宇宙中的黑洞有超大引力，也就是说超大引力贴近光线后是该光线的减速因素和光线被弯曲，答案自然是光线A后到达该天体，光线B正常光速，光线B先到达该天体。

我们再假设两条光线平行并且同一个方向前进，光线A射向十亿千米外的天体，光线B也射向十亿千米外的同一个天体，光线A途中遇到十个强大斥力源，如果光线不会因为强大斥力推动而加速，那么仍然是光线B先到达该天体，因为光线A被强大的斥力源的斥力排斥成弯曲的也就是等于光线A的路程距离拉大了。就像我们人类现在掌握的所有规律对强大引力源的视界内都不起作用一样吗？强大的斥力源的视界外的斥力会超光速吗？根据已有科学定律判断是不会在视界外有超光速斥力的，所以不会推动光线加速，此处的光线A由于弯曲了，也就是说光线A到达该天体绕远了道路，所以还是光线A比光线B晚一些时间到达该天体，假设引力波是两个黑洞合并所产生的之一（其他具有超大引力的天体运动也可产生引力波）。根据对称性原理推理出有引力透镜也应该有斥力透镜并且在宇宙O内是应该先有斥力透镜，而且斥力透镜不比引力透镜晚是应该可以确定的，斥力透镜比引力透镜多并且更强大这应该是确定的，因为从宇宙大爆炸开始至今是斥力占绝对主力，大约是占90%以上的比例，由此确定宇宙O中是斥力透镜先存在的，到了宇宙O临近大收缩时斥力透镜也就不存在了（应该将物质运动速度按照区域空间条件来划分就像人类在地球上已经划分的第一运动速度第二运动速度一样、有接近光速物质运动区域空间和非接近光速物质运动区域空间）。

接近光速区域空间又分一般接近光速区域空间和极高极度超高速区域空间。极限速度光速在不同的区域空间由于条件不同而不同。

黑洞和宇宙E，尤其是宇宙E内（这里指宇宙E形成的初期视界内）其引力速度应该是超光速的（是此时的光速即假如每秒50万千米。那么引力的速度，可能是每秒70万千米或者更高速度），垂直于强大引力源进入视界后其速度是光速的，该物质垂直向中心运动也是物质的运动怎么就接近光速了？和极端超大引力条件下运动会极端的慢相矛盾？这是运动速度受方向的限制的吗？即只有垂直向中心才超高速也就是说是超过光的速度的，否则光线进入视界内不会出不来的。其他方向的运动极端慢？并且逆向中心方向的运动可能不会运动的即是停止的？超高速会使时间变慢和超大引力会使时间变慢这之间有什么联系和相同之处及其差异？是超大质量的原因吗？超大引力引起的时间变慢应该是物质（也包括物质的浓缩升华状态）的运动时间变慢还有什么慢？

如果发现有天体的年龄超过宇宙的年龄这有两种可能性，第一可能是错误的，第二是上次宇宙运动循环过程中遗留下来的天体，而且说明宇宙是在有限的物质基础之上并且是由有限的物质主宰、控制、统治着有限的空间和永恒的时间中无止境（静）地运动着存在着。有视界的天体内的内部应该有光，因为超大引力引起的超大压力会产生超大高温而超大高温必将产生光（此光可能与我们常见的光不同？应该是升华的光）。《上帝的方程式》一书第4页说："观察到的这个星系正在以光速的90%以上的速度离我们而去这样的事实。"宇宙O中的地球上有第几速度，那么宇宙O和宇宙E内也应该会有不同的速度。

如果将物质是主宰控制统治宇宙一切的基础，并且沿着此思路向前推理，会得出宇宙之外是有空间的结论，宇宙之外的空间也就是全宇宙总物质的控制能力范围之外的空间，也可以理解为宇宙运动是在全宇宙的总物质的有限能量所控制的有限空间之内的运动。

假设：我们人类将一个氢弹投到黑洞上去进入了视界内完好无损，根据视界内的引力是超光速的，别管人类是如何引爆氢弹，那么其氢弹是永远也爆炸不了的。为什么永远也爆炸不了？因为爆炸的速度永远低于光速的，还有一个关键问题是凡是进入黑洞的物质不管是什么成分，都会极端快速地转变成黑洞原有的物质成分，包括核物质。

人类有能力左右宇宙O的存在时间吗？也就是人类能否延长或缩短宇宙O的存在时间吗？从人类有能力可以毁灭地球来讲，理论上说人类可以控制宇宙的局部区域存在时间的长短，当然是极端短暂的时间，但是对全宇宙的宇宙O和宇宙E的存在应该没有控制能力。

第七章　极简宇宙

第一节　宇宙的任何时期都有规律

　　宇宙E的运动确定地说如前所述主要是由引力成分向斥力成分转变的运动，因为除了宇宙E刚形成时的初期是将斥力成分转变为引力成分外，其他时期都是引力成分将自己转变为斥力成分直到宇宙大爆炸，但是宇宙E的运动运行极端的慢，物体和光线运行速度的快慢有方向性（运动包括运行而运行不能包括运动的全部），宇宙O和宇宙E从形成到结束中的引力和斥力所含比例的大小始终是变化的，而引力成分所占比例越高其纯度也就越高该天体的引力和比重也就同时越大（例如：同样为N亿吨的两个天体一个是引力和斥力各占比例为50%，另一个是引力占99.99%，其比重和引力大小差别极大，也就是引力99.99%的天体的比重极端的大）。

宇宙E是整个全宇宙的一个循环周期中最少的运动种类时期（与物质的种类极端的少密切相联系），看看我们现在的宇宙也就是宇宙O有多少种运动，统计时可能很费时间，但是宇宙E的运动种类也就是几个，最少时可能就一个运动，也就是由斥力（宇宙E刚形成的瞬间）向引力转变或者由引力向斥力转变，从中可以得出引力和斥力相互转变贯穿于宇宙O和宇宙E的每一时刻，这种转变从未停止过，这也就是引力和斥力在宇宙运动中的最重要的体现，从中得出宇宙E也就是奇点中既有运动又需要时间那么就肯定有空间因为空间是包容一切的。所有的一切的存在都是在空间内的存在，没有不在空间里存在的存在，确定地说"奇点"（宇宙E）同宇宙O的运动的时间是相同的长短，当然会有极微小的差别，但是肯定不会超过一定的度，假如宇宙O的存在时间为6850亿年左右，那么，宇宙E也应该存在6850亿年左右。但是可以通过由斥力转变成引力成分的数量能够算出宇宙总循环所需的总时间，也可以消耗掉的暗能量（也就是说斥力）来结合算出宇宙时间等这个类似方法可以确定，而用放射性元素的半衰期却只能测量宇宙所经历的历史长度，而不能准确测量测定宇宙未来的运动时间长度，要是用每生成一个百分点的引力（也可是消耗掉的斥力）所需要的时间来乘以一百个百分点所得的时间就应该是宇宙O的总时间长度，再乘以2就是宇宙O和宇宙E的总循环的一个循环的总时间，再结合斥力的每消耗一个百分点所需要的时间。

从对称性的破缺性推理出空间的破缺性，所有的宇宙规律都能在宇宙O和宇宙E中找到踪迹。

最后概括总结的结果是：从宇宙O的存在形式到宇宙E的存在形式或从宇宙E的存在形式，再到宇宙O的存在形式经过宇宙大收缩或宇宙大爆炸的突变的形式中转化成的？物质A在宇宙E内不存在，在宇宙O内存在的比例和时间也不如物质B多，这里有个疑问：是物质B轮换着形成物质A吗？还是物质B随机转变成物质A的？在宇宙O内应该是所有的物质B（此B为斥力能）都转变成物质A（斥力物质A）（实际上物质A也有以引力为主和以斥力为主的区别）然后再转变成物质A（引力物质A）然后又转变成物质B（此B为引力能），从科学报道中得到，宇宙大爆炸有斥力直接转变为引力的现实实际例证。

由物质不灭定律（物质是永恒存在的其存在形式是多种多样的）推导出运动不灭，因为有物质必须有运动，没有不运动的物质，物质的运动也是有N个形式，物质的运动变化有相同存在形式的物质之间的相互转变变化的运动，有一种物质存在形式转变转化为另一种物质存在形式的物质运动，由物质不灭又推导出空间不灭，因为物质必定占有空间，只要有物质的存在必定是在空间内的存在，没有不占空间的物质。由物质运动不灭推导出时间不灭，因为所有的物质运动都必须需要时间的陪伴，没有不需要时间的物质运动。由于以上这些都必须有一定形状的空间存在，而宇宙O和宇宙E都是球形的，所以该球形也永恒不灭。由物质运动不灭推导出引力能不灭和斥力能不灭，因为追踪所有的运动动力来源最终是物质产生的引力能和斥力能所引起的，以上这些不灭与宇宙E（宇宙大爆炸之前的奇点）不矛盾，假如宇宙之外有时间和空间但是同宇宙的时间和空间是不同的，因为宇宙内时间和空间是受宇宙内有限的物质主宰控制的。

因为以上所有的存在在宇宙E内都存在，只是存在的形式与宇宙O不同，在宇宙E内是都极端的浓缩升华N次量级的存在（浓缩升华的物质或称浓缩升的能力存在形式种类极端少），并且是极端的统一为一了，当形成宇宙O后的每次循环中都会由宇宙E的极端少的那几种物质存在形式成为宇宙O非常极端多的物质存在形式。

从宇宙O和宇宙E之间的能量守恒定律推导出引力能和斥力能之间也必定守恒，又推导出引力能和斥力能在宇宙O和宇宙E内所占主导地位的时间也是守恒的，这又从这个方面证明了宇宙O同宇宙E之间的时间守恒，从而又推导出引力能所占主导地位和引力能所占被主导地位的时间也必定守恒（相同），那么从中又推导出斥力所占主导地位和被主导地位的时间也是守恒的，从全宇宙总引力能释放消耗结束时都转变成斥力能，从全宇宙总斥力能释放消耗结束又都转变成引力能。

也就是说这就决定了引力能和斥力能在宇宙循环运动中是永恒的交替转变着循环下去，从引力能释放消耗结束的结果是宇宙大爆炸和从斥力能释放消耗结束的结果是宇宙大收缩中推导出宇宙大爆炸和宇宙大收缩都必须永恒交替出现。从宇宙大爆炸和宇宙大收缩都为极端现象看其引起宇宙大爆炸的斥力因素当时所占的比例也应该为极端的多，应该达到了99.99%的比例。

引起宇宙大收缩的引力因素当时所占的比例也应该极端的多，应该达到了99.99%的比例而有引力必然有宇宙大收缩，而有斥力必然宇宙大爆炸，所以由此再次推理出宇宙大爆炸和宇宙大收缩必须必然永恒交替发生下去循环下去，也就是宇宙O同宇宙E的两大存在形（只有两大存在形式）式将永恒交替存在的循环下去，也就是从以上再次证明得出发生宇宙大爆炸的必然性和发生宇宙大收缩的必然性，也同时是形成宇宙O和宇宙E的必然性。

从引力和斥力的所占比例中不但推理推算出宇宙的周期循环的长度还可以由此推算出宇宙的空间直径以及宇宙的整体平均总密度。

第二节　新发现的几大规律

宇宙运行的几大规律：一是引力和斥力相互转变的运动直接或间接造成宇宙的一切运动。二是宇宙运动中所有的膨胀、爆炸、扩张等都是斥力（无论斥力是如何产生的，斥力有多种形式都可以产生），直接作用的结果，与引力没有任何直接关系。三（本条是老规律引力）是宇宙运动中所有的收缩、塌陷……都是引力直接作用的结果，与斥力没有任何直接关系。四是宇宙运行中所有旋转运行都是引力和斥力共同作用的结果。五是宇宙运动中极端的结果必须是极端的因素造成的，极端的因素必须占99.99%及其以上的比例。引力同斥力之间相互转变的运动规律是宇宙运动中所有规律的第一规律，这第一规律的一半是在宇宙O内；另一半是在宇宙E内，假如没有这第一规律其他规律，都无从诞生，或者无法显现。比如：能量守恒定律和物质不灭定律是无法显现的，所有视界的引力（宇宙E除外，因为宇宙E是从99.99%的引力到99.99%斥力才完成一个自身的小循环）源都必须是引力成分占99.99%及其以上，并达到一定质量；黑洞的引力所占比例必须达99.99%和一定足够的质量（在宇宙E内引力直接转变为斥力，在宇宙O内也有斥力直接转变为引力，但是不是全部直接转的，不知直接转变后比例）。

我们将宇宙大收缩成功后的宇宙E（通常称奇点）视为实际上是宇宙中唯一的超级黑洞，其大收缩也就是由极端强大的引力造成的，宇宙E刚形成时引力所占比例应该等于或大于黑洞内引力所占的比例，也可以说只有占99.99%以上的极端强大的引力才能形成宇宙大收缩，升华N次量级的有视界的引力能天体其内部的运动运行应该有方向性，即有超光速运行的运动的方向，所谓超光速是此光速假设为每秒50万千米而引力的速度可能为每秒70万千米或者更多和不运动的方向（逆向引力中心方向是不运动的，引力除外），又有极端慢速的运动方向，空间应该为极多的维，而且必须有视界。只有极端超强大占99.99%及其以上的斥力才能形成宇宙大爆炸，由99.99%的引力成分转变99.99%的斥力，这就是宇宙E从形成到结束的整个时间内所完成的最主要的运动。斥力透镜可将两个天体改变成看上去是一个天体的假象。星系的形状主要是斥力层与斥力层之间的斥力形成的压力造成的。引力可形成压力，斥力同样可形成压力。

物质使用自我产生的引力和斥力决定宇宙O和宇宙E之间互相交替转变运动的命运，这就是：物质决定宇宙的命运。

所谓的极简宇宙就是我们将引力字母G和斥力字母将G反过来写，也就是将G右边开口处下端连接在一个垂直杆上然后向一个方向水平旋转，转到180度当字母正面全面展开时为极端的运动，也就是宇宙大收缩和宇宙大爆炸，就是当G面正面全面展开时表示引力G占99.99%，也就同时发生了宇宙大收缩，当斥力字母面正面全面展开时，为斥力占99.99%，也就同时发生了宇宙大爆炸，字母用物质制作的表示是物质，而旋转时为运动，该运动是在空间和时间的伴随下运动的，这就是极端简单的宇宙整个循环运动的模型。我们称为极简宇宙。

最后我们再看看《现代天体物理》（陆埮主编，北京大学出版社）书中第31页和32页之间的所述：未解决的问题。……宇宙中的暗物质和暗能量其起源和本质究竟是什么？再如，宇宙究竟是如何起源的？在宇宙大爆炸之前究竟发生了什么？……

我们先探讨看看宇宙中暗物质和暗能量的起源和本质究竟是什么？与以上相应的章节内容有所重复如前所述暗能量是属于斥力能成分为主导的物质的另外的存在形式，暗能量是目前发现的所有物质的存在形式中的最接近宇宙大爆炸最初时刻的宇宙绝大部分的物质存在形式（这种以斥力升华N次级别的能量此时即宇宙大爆炸刚发生的时刻，可占全宇宙总能量的99.99%的比例）。只是经过137亿年的历史的暗能量的密度低得过多了，也可以说暗能量是宇宙大爆炸时的物质的（即能量升华N次级的存在形式）存在成分退化或者转变而来的，这就是它的来历，或者说是来源于升华N次级别的斥力能成分。

暗能量目前也应该是升华N次级别的，只是比大爆炸时升华的级别低了，而且暗能量是有视界的斥力能成分（我对暗物质的认识和主流理论是相反的），而暗物质是由暗能量转变而来的，也应该是有超大斥力造成的视界，暗能量和暗物质所占全宇宙总能量的96%以上的比例，这从99.99%的斥力能量成分目前已经形成N次层的球状体，即斥力球状层外又有斥力球状体所包裹着，层与层之间的斥力相互排斥形成加速度所造成的结果是宇宙加速膨胀，这也就是目前得到宇宙运动中检验的哈勃定律，哈勃定律不属于万有引力的定律，该规律是万有引力之外的运动规律，并且是与万有引力相反的宇宙天体运动规律，应该确定为宇宙天体运动的万有斥力（定律）规律。

我们再讨论宇宙的起源，实际上是指宇宙O的起源，大家共知的宇宙大爆炸是宇宙O的起源，但是我们在此必须再次重申宇宙绝对不是起源于无（有的论述说宇宙起源于无）是起源于同现在的宇宙同等能量的宇宙E，是宇宙E的组成成分都为升华N次级斥力能时发生的宇宙大爆炸，宇宙E也就是宇大爆炸之前究竟发生了什么？这就是从宇宙E形成时的引力占99.99%的比例经过N亿年的历史时间在宇宙E的极端特殊条件下逐渐从宇宙中心内核开始转变转化成斥力成分的极端特殊的运动，这种极端特殊的转变转化运动是从内向外逐层逐层地转变转化的，至斥力所占比例达到99.99%时通过宇宙大爆炸的极端极特殊的形式就转变转化成宇宙O的存在形式后又经过137亿年左右的运动变化成为我们现在的宇宙，宇宙E也就是宇宙大爆炸之前究竟发生了什么？这就是发生由引力向斥力转变的运动，并且该转变运动是唯一最重要的运动也是贯穿于宇宙大爆炸前的整个时期，如果没有这种转变运动就永远不会发生宇宙大爆炸。

以上对《现代天体物理学》部分疑问简短叙述，要是详细说明需要其整个章节。

第三节　本书支持以下观点

结束前概括本书的全部论点为：

1.宇宙中的一切运动都是物质（老论点）作用的结果尤其是一切爆炸、扩张、膨胀……都是斥力（无论斥力是如何产生的），直接作用的结果与引力没有任何直接关系。

2.宇宙的一切塌陷、收缩……都是引力直接作用的结果，与斥力没有任何直接关系。

3.宇宙运动中所有的旋转运动，都是引力和斥力共同作用的结果。

4.宇宙运动中引力和斥力之间互相转变的运动是宇宙运动中的第一运动规律，其他运动规律都是在此规律基础之上诞生的规律。

5.宇宙运动第一规律的一半是在宇宙O内完成的，这就是由斥力向引力的转变；另一半是在宇宙E内完成的，这就是由引力向斥力的转变。

6.全宇宙总引力释放的结束后是都转变为斥力了，引力所占的地位是被主导地位，斥力是占主导地位使所占比例极端的高可能达到99.99%时发生了宇宙大爆炸也就是进入了由斥力向引力转变的宇宙O的存在形式，这也就是我们现在所生存的宇宙，同时也是斥力释放的开始，并且现在斥力是属于主导地位。

7.全宇宙总斥力释放结束后是引力释放的开始并且是斥力占被主导地位，当引力占主导地位所占比例极端的高可能达99.99%时就发生宇宙大收缩进入宇宙E。

8.宇宙运动是自洽（宇宙运动的自洽是过去已有的论点）的，宇宙运动又是不可逆（不可逆也是以往的论点）的。

9.所有视界的天体都是所含（引力或者斥力）极端多的比例纯度高达99.99%以上。（视界的度就是空间）

10.所有黑洞视界外缘的引力都是相同的强度（视界外缘的引力强度相同是老论点）。

11.哈勃定律的成因就是：宇宙内的斥力形成球状网形，球状网形套球状网形，N个套在一起的球状网形斥力层，斥力层与斥力层形成排斥力的叠加造就成加速度，造成宇宙天体之间距离越大飞离的速度越快这也就是哈勃定律。

12.哈勃定律不能适用宇宙运动的整个循环周期的所有时期。

13.宇宙E（大家共知的所谓宇宙大爆炸前的奇点）内确定是绝对有运动的，该运动主要是转变的运动，也就是主要由引力向斥力转变的运动这也是确定的，否则是不会发生宇宙大爆炸的，更不会有我们赖以生存的宇宙O，有运动必定有空间也必定有时间，实际上在宇宙E的存在形式内物质以升华N次级的能量形式存在的，而且绝不是单独存在，而是和同为升华N次级别的存在形式而存在的空间和同为升华N级别的存在形式而存在的时间三者极端的统一为一体由此而产生的运动也是升华N级别而且运动极端的慢速，在宇宙E内有空间是确定的，在宇宙E内有时间也必须是确定的。

14.凡是有视界的超大引力（也应该包括超大斥力其有超光速的运动方向和不运动的方向与引力相反）物体在视界内的运动快慢是有方向性的，也就是垂直于该天体中心方向运动是最高速的运动方向，该运动速度是超光速的，引力本身也是一种运动而且引力也是物质的另一种存在形式，这也同时说明引力的强度大小和引力的速度大小是有变化的，并且引力的强度同引力速度成正比：即引力的强度越大引力的速度也就越高，所以也可以说物质的运动是超光速的运动其所谓超光速运动的物质就是指超极端的引力和斥力（斥力视界内的运动方向与引力相反），而背离该方向是不运动的方向（假设该条件下的其他运动方向的运动速度为每秒50万千米那么朝向中心方向应该为每秒一百万千米？当然具体速度可能不准确，但是朝向中心方向的速度肯定最快），界于以上两个方向之间的其他方向的运动速度也是界于以上两个运动速度之间。

15.宇宙O同宇宙E之间的两大对称和两大破缺也就是总能量的对称和总时间的对称。所含成分的极端多极端少的破缺，空间极端大和极端小的破缺。

16.从宇宙E整个循环总体上没有物质A（引力）和物质A（斥力）向物质B（斥力）转变的过程，因为引力向斥力转变转换的主导运动只在宇宙E中进行的，而宇宙E是不存在物质A的，是引力（物质B）不经过物质A转变转换成斥力能（物质B）的；宇宙E内既有时间也有空间，既有物质（此物质为物质B也就是浓缩升华N次级的能量）也有运动，只是它们都浓缩升华并且统一为一体了，如果没有物质时间空间运动就不会有宇宙大爆炸。

17.物质A和物质B也是极端的破缺，其中在宇宙E内是不存在物质A的，而在宇宙O内也是物质A比物质B少的极端的多。

18.宇宙整个循环周期不但有引力源引起的视界（老论点），而且还必定有斥力源引起的斥力视界这是宇宙循环现实中确实存在的，如宇宙大爆炸初期探测不到，暗物质和暗能量都探测不到，就是斥力源有视界的显示（我将暗物质也列入斥力能而主流理论将暗物质列入引力成分）。

19.引力源引起的视界是单向视盲即从外向视界内是看不到的，从视界内向外是可以看到的，当然这是理论层面的，实际上任何进到视界内的都会发生极端极度的变化，生物生命是无法存在的。

20.斥力源引起的视界是双向的，也就是从视界内向视界外是看不到的。因为视界外的任何一切都进不了视界内，从视界外向视界内也是看不到的，原因也是视界外的任何一切都进不了视界内，当然该视界同引力视界一样，其视界内由于条件极端极度不同，也是不存在任何生物生命的。

21.原始黑洞应该从宇宙E刚形成时算起，因为组成原始黑洞的成分是在宇宙E刚形成时就存在的，原始黑洞必定带有宇宙大收缩时的变化信息，当然也应含有宇宙大爆炸时的成分，只不过该成分刚进入原始黑洞时如果是斥力成分的话必须快速转变为引力成分，宇宙O的中心点就是以原始黑洞为主的超大引力天体群（由此造成宇宙对角直径永远不会有直线路径）。

22.在宇宙循环中尤其是在宇宙O中纯引力和纯斥力合起来并不是100%的，因为这里还有非引力和非斥力，但是宇宙E和宇宙O的初期和尾期肯定是引力和斥力加起来为100%或者为99.99%。

23.宇宙的整个循环过程中不但质量和能量可以互换（质能互换为科学的老论点），而且物质和能量以及物质和质量也都是可以互相转变转换的，尤其是浓缩升华N次级的物质B，当然物质A（引力的）与浓缩升华最高级别的物质B不是直接转换转变的，是有其他中间环节的，这是从宇宙整个循环的实践中推断出来的并且从现实中验证存在的。

24.宇宙空间大小的伸缩运动看起来似空间自身的运动，实际上是物质通过自身产生的引力和斥力之间的比例大小变化运动引起了空间大小伸缩的运动。

25.宇宙时间快慢运动看起来似时间自身的运动，实际上是物质自身产生的引力和斥力之间的比例大小变化运动引起了时间快慢的运动。

26.宇宙整个循环史上所有的任何时期的任何时刻都有规律可循，就是奇点内也必须有规律可循，只是人类没有发现该规律，因为该规律极端地难于发现，可能在人类的整个存在期间也永远无能力发现该规律，此规律可以确定的就是在宇宙的所有循环过程中其规律是完全相同的，也可以说是同一个完全相同的规律在所有循环期的奇点内的存在或者复制，比如第A个循环时期的从宇宙E诞生起到宇宙O结束时的下一个宇宙E又一次诞生与第B个循环时期的奇点的规律是完全相同的同一个规律的再现。

27.宇宙E既有超光速视界时间段又有不超光速的短暂时间，也就是宇宙E的视界接近零视界或者就是零视界（这里包括引力外壳内壁与斥力之间的运动运行速度）。

28.宇宙大爆炸和宇宙大收缩的运动也都超光速（宇宙大爆炸和宇宙大收缩的运动速度都是超光速的是老论点）。

29.只有物质才能产生引力和斥力，而引力和斥力又反过来左右和控制、主宰物质的存在形式（物质有很难统计清楚的N个存在形式）。

30.宇宙的运动是物质在空间和时间的陪伴下永恒又有限的自我运动。

31.物质只有物质才能自我地运动。

32.物质只有物质才能自己改变自己。

33.物质存在形式的变化必定同时伴随运动形式的变化。

34.全宇宙总循环的一个完整的周期中引力和斥力之间的对称是最基本最基础的对称，是一切其他对称的根源和基础。

35.全宇宙总循环的一个完整的周期引力与斥力之间在时间上守恒在能量上守恒，由此产生的作用上的量也守恒，只是作用相反。

36.所有视界的天体都是以能量的形式而存在，该能量也应该是升华N次的能量。

37.黑洞内是否有运动（运行）？我们讨论分析看看如何，从黑洞的引力出来视界后基本全部返回黑洞确定黑洞内是有运动（运行）的，而运动（运行）必须在时间和空间内完成，没有不在时间和空间内完成的运动，所以必须确定黑洞内是有时间和空间的因为引力返回的运动（运行），是黑洞现实中确定存在的，应该说所有有引力的引力源的引力都是返回引力源的。

38.从以往的天文资料判断推理出宇宙天体运动中的斥力源天体发出的斥力是不返回原斥力源的，也就是斥力出来后是一去不复返的，尤其是有视界的强大斥力源天体发出的斥力。

39.在宇宙运动的循环中引力和斥力之间相互转换转变是能量转换转变的运动也就是能量运动。

40.整个宇宙O中斥力层和斥力层之间包裹着星系和总星系，星系的形状主要是斥力层作用和星系内部原因造成的（当然也有引力的作用老论点）。与这些新论点结合起来以及其物质是永恒和有限中推断出宇宙是照自有的自然规律永恒地循环运动着，物质只有物质是自我运动的，也就是宇宙永远不灭，是永生的，并且宇宙又绝对是有限的，其自身存在形式的变化有着极端的一面被人类误认为灭亡了，而实际上是转变成隐形的存在形式而存在的，这就是宇宙大爆炸之前宇宙E的存在形式。

41.宇宙运动的循环中所有循环周期的最大宇宙直径都是相同的，所有循环周期的最小宇宙直径也是相同的，并且所有的循环周期的时间长度也是相同的。

42.当引力在全宇宙占99.99%及以上时会吸引所有的一切，包括吸引斥力。当斥力在全宇宙所占比例达99.99%以上时会排斥所有的一切，包括排斥引力。

43.重点：全宇宙总循环中最大的统一应该是引力与斥力之间的统一，该统一是运动当中的统一。

44.球形（包括球形体和球形空间两个方面）在全宇宙的整个循环运动过程中起着极其重要的作用，尤其是在宇宙O同宇宙E之间相互转变中更为极端地重要。

45.全宇宙整个循环过程中的一个完整的循环里只存在两大存在形式，绝对没有第三大及其以上的存在形式，这两大存在形式是宇宙O和宇宙E，就是由引力和斥力这两种力来决定和主宰的宇宙。

46.有视界的天体所含成分的多少与压力成反比，即压力越大所含成分越少，而比重和密度大小与压力大小成正比，即压力越大比重越大密度也就越大，是引力造成的压力和斥力造成的压力都如此吗？应该会都如此的。

47.同等质量同等体积的两个及以上的黑洞相加其质量增加、密度增加、比重增加、视界增大，而体积反而比相加前单个黑洞的体积小，也就是说同等质量同等体积的黑洞1+1+……小于1，这是加得越多体积比原先没加前的单个体积相差越大，也就是相加后的体积越小。

初级：1十1小于1。中级：1+1小于0.1。当然宇宙现实中黑洞相加应该多于以上这三个级别，但是越加越小的体积是正确的，这与宇宙大收缩刚形成时与现在宇宙相比极端小相符合的。

48.宇宙中所有星系中的单个星系不管多么巨大，其永远是在两个斥力层之间的夹层里面，永远不会占据三个斥力层面，当然斥力层面逐渐消失当中除外。

49.宇宙大爆炸是斥力升华到最高级别和斥力所占比例极端的高时发生的，宇宙大收缩是引力升华到最高级别和引力所占比例极端的高时发生的。

50.整个宇宙总循环中，有视界的时间是不间断的，即每时每刻都会有视界天体的存在。

51.全宇宙总循环中每当总引力和总斥力所占的比例反差极端的大时，就是宇宙O同宇宙E的相互转变时刻，这就说明引力和斥力相互之间的变化是宇宙O同宇宙E之间相互转变的原始动力，其实说到底还是物质是最原始的动力，宇宙O宇宙

E永恒交替循环转变下去。

52.新旧论点都有：全宇宙总循环的所有时期只有永恒没有无限，因为全宇宙的总物质或者说总能量是有限的，而有限的总物质或者说总能量是主宰和统治宇宙的所有一切，也可以说主宰和统治宇宙的命运，从中得出决定和主宰宇宙一切的原因是有限的，其所得出的一切的结果必然是有限的，在宇宙内（这里指宇宙内是有别于宇宙之外可能有空间……）物质的存在是永恒的，决定着时间的存在也是永恒的，物质的存在永恒又决定着空间的存在是永恒的，物质的存在是永恒还决定着运动的存在是永恒的，物质的存在是永恒的再决定着引力的存在是永恒的，物质的存在是永恒的也同时决定着斥力是永恒的存在，而以上这些所有的存在又必须都在这个球形的宇宙内存在着，所以这个宇宙的球形体也必须永恒地存在着，在这里球形同空间是重叠的，这里特别说明这个球形最大时和最小时是同一个球形，并且大小差别是极端的大，该差距目前人类还无能力计算出精确的比例来。还有一点必须明确的是时间，空间和物质都是在宇宙E内也就是说宇宙大爆炸之前存在的，是升华N次级的极端的存在形式，而绝对不是被消失的无，并且引力斥力运动都是存在的，只有发生了宇宙大爆炸后它们都逐渐展开或者说回复到如此当今这样，别忘了今天的宇宙从宇宙爆炸至今已经运动发展变化137亿年历史了。

53.关于物体质量的增加而时空的弯曲增加：假设该物体

的引力成分和斥力成分各占相等的比例，那么该物体的质量再大也不会造成周围时空的弯曲，因为该物体的引力和斥力相互之间抵消了，其对周围时空的影响接近于零，只有要么是引力占极端大的比例，要么是斥力占极端大的比例，才能造成周围时空的弯曲度，为什么说斥力占极端大的比例？因为斥力所占比例过大后同样会造成时空弯曲。

54.引力主要是在内部释放转变转化，也就是说向内释放能量，也就是在内部中心处转变转化，这主要是在宇宙E内的体现。

55.斥力主要是向外释放转变转化，也就是说向外释放能量。

56.宇宙O同宇宙E之间的体积大小差别极端的大，这就是又一破缺，为什么是破缺？这还是引力和斥力相互作用（作用相反的原因）的功劳，这也可以称为宇宙空间的破缺。

57.宇宙O的总体平均时间同宇宙E的总体平均时间之间是对称守恒的，也就是说宇宙O存在的总时间长度同宇宙E存在总时间长度是完全相同的，但是具体到单个物质的运动变化上又差极端的多，假设核物质在宇宙O上平均半衰变一次为600万年，那么在宇宙E内平均半衰变一次可能为6000万年或者更长时间。这同样是由于引力和斥力所占比例失调所造成的。

58.全宇宙整个循环的所有过程中和所有过程中的每时每刻每一秒中都不存在全宇宙以99.99%的显形的形式而存在，但是在全宇宙一个整的循环过程中又有99.99%以隐形的形式而存在的时间极端的长久，这里指宇宙E从诞生到灭亡基本都是。

59.运动与宇宙（包括宇宙O和宇宙E，下同）同在。

60.时间与宇宙同在。

61.空间与宇宙同在。

62.引力与宇宙同在。

63.斥力与宇宙同在。

64.物质（包括物质A和物质B，也就是包括物质的所有存在形式）与宇宙同在，这所有的同在都是以物质为基础的，这就是物质决定宇宙的命运在宇宙现实中的又一体现。宇宙大爆炸和宇宙大收缩所用的时间是相同的，宇宙大爆炸从起爆开始到爆炸结束所需的时间同宇宙大收缩从开始到结束所使用的时间是相同的，并且应该是分秒不差的相同，原因还是二者所使用的能量完全相同。

65.发生宇宙大爆炸的必然性：当全宇宙总能量由99.99%的引力转变转化成99.99%的斥力是必然发生宇宙大爆炸的，这种由引力向斥力转变的运动也是宇宙E内最主要的运动。

66.发生宇宙大收缩的必然性：全宇宙总物质也是总能量产生出来的引力和斥力在宇宙总循环当中的任何时期都是在转变运动着的，当全宇宙中所有的斥力都转变为引力后使引力达到所占比例的99.99%时也就同时造就成宇宙大收缩了。

67.哈勃定律揭示宇宙天体距离越远分离的速度越快，但是同一个斥力层球形内的速度是相同的，并且是确定的。

68.全宇宙总引力向总斥力的转变（相对于总斥力向总引力转变的分散型）是集中型的一个球层套一个球层的由内向外的转变。

69.全宇宙总斥力向总引力的转变（相对于总引力向总斥力转变的集中型）是分散型的转变。

70.从透镜（引力透镜和斥力透镜）中过滤过的宇宙景像有虚假的成分，这是宇宙现实所验证了的事实。

71.宇宙运动中引力最大的作用是使所在的能力范围内收缩和浓缩升华：可以使物质收缩浓缩升华N次级；可以使时间收缩浓缩升华N次级；可以使空间浓缩升华N次级；可以使运动浓缩升华N次级。相应的斥力也可以使以上时间空间物质和运动浓缩升华N次级，只是有所不同，即引力使浓缩升华是由低级向高级发展，而斥力使浓缩升华，由高级向低级发展，当引力使浓缩升华至最高级时就是宇宙大收缩，而斥力是由浓缩的最高级别宇宙大爆炸开始向浓缩的最低级逐渐走去。

72.宇宙的空间除去天体的因素，其中心空间的压力比接近宇宙边缘的空间要大，为此我们人类可以根据空间压力的不同大小来寻找宇宙空间中心。

73.宇宙E的运动是以引力向斥力转变转化的运动为首要的运动，其他的运动都是在引力向斥力转变转化运动的基础上的运动，即其他运动都是引力向斥力转变转化的运动所造成的，如宇宙E成分的由形成到扩张，视界强弱的变化运动……

74.宇宙运动中所有极端的结果都必须是极度的原因造成的，该原因极端的表现之一就是极端的纯度，其纯度可达99.99%以上。

75.引力和斥力相互转变的运动是造成宇宙的所有一切的运动。

76.全宇宙整个循环周期中不存在所谓的暗物质抄："所有星系运行的速度都超过了这个星系的逃逸速度。但我们计算逃逸速度时依据的星系总质量，是将它拥有的所有星系质量一个个加起来得出的结果，每个星系的质量又根据它的亮度估计发来的。如果我们没算错的话，这个星系团应该迅速分崩离析……"从而认为是星系团里有暗物质的引力帮助星系团不会分崩离析，这种所谓的暗物质人类永远也不会找到，更不会用科学技术探测到，因为整个全宇宙循环时期的所有时刻从来也不会存在如此的暗物质，星系团不会分崩离析是因为它在斥力层的夹层里面，是斥力层的斥力压帮助该星系团也同时帮助所有的星系团不会因超过逃逸速度而分崩离析，目前斥力成分在全宇宙中所占比例成分应该为96%及其以上。

77.宇宙运动中引力都返回原引力源。

78.宇宙的密度因为引力和斥力之间比例变化而变化，引力、斥力、光线也都有密度引力的密度同其强度和速度成正比，密度越高速度和强度也就同时越高，也同时说明引力的速度是高低变化的。

斥力的密度同其强度和速度也是成正比的，即斥力的密度越高也就同时是速度和强度也就越高，这也同时说明斥力的速度是有高低变化的。

光线的密度同其强度和亮度也成正比，红移和蓝移就是光线（光像）密度强弱的变化，即光线的密度越高，光线的强度也越高，亮度也越高。

从哈勃定律和天体爆炸及宇宙大爆炸中推断出宇宙运动中的所有爆炸膨胀都是斥力直接作用的结果与引力没有任何直接关系，斥力最重要的性能就是使其所在的能力范围之内膨胀（爆炸也是一种膨胀，是一种极速的膨胀，当斥力到了极端的强大时能使宇宙的一切膨胀），斥力最特别最极端的作用结果就是宇宙大爆炸。全宇宙的引力所占达到最高值（应该是所占比例达99.99%以上）斥力所占比例达到最低值（应该是达0.01%）就发生了宇宙大收缩，斥力的存在（关键是以往的天文资料中给出过斥力的存在），从宇宙大收缩和宇宙大爆炸中推断出引力和斥力的比例始终是在变化中的。

79.宇宙学家们须以现实为依据；以定律为准绳，用准绳串联起依据来，将以往未知的更精彩的宇宙运动呈现给人类。

80.有人说宇宙大爆炸10/32秒使宇宙从一个点扩大到一光年不能与光速相比。我们可以将32秒内扩大的一光年换算出来的直线向前运动的速度也肯定比光速快很多倍。

81.宇宙每一次的加速膨胀都是至少一个球形斥力层分裂

分解两个以上的斥力层。宇宙E有两个含义：一是宇宙两大存在形式之一；二是物质空间时间运动四者浓缩升华为一体，在宇宙循环变化的整个循环过程中和每时每刻的变化都离不开运动，离开运动的变化是不存在的。只有运动才能变化，所有的变化都是运动的结果。

82.宇宙大收缩时其引力达到最远，应该能达到宇宙循环史上宇宙的最大体积（两个含义：1.假设宇宙的最大时的直径为9万亿光年，那么大收缩时引力的影响力也达9万亿光年。2.此时的宇宙体积浓缩升华到最小，而引力将其全宇宙包在里面。

83.从中微子生成于宇宙大爆炸和中微子有极强的穿透力以及在宇宙中无处不在，我们就应该确定中微子是目前人类已经明确知道的最纯正的斥力成分。

84.宇宙对角直径永远不会有纯正的直线路径，因为中心有超大的原始黑洞。

85.古代宇宙观是：一生二,二生三,三生万物；返回来就是，万物归三,三归二,二归一……这就是宇宙永恒循环。

86.有宇宙观实验论得到引力可以直接转为斥力（E）。

87.斥力直接转变为引力但不知占比是多少。

88.超大引力可以使有方向性的变化即控制光具向一个方向运动。

结束语：宇宙演化存在的普遍现象都有对立面，自然界中的演化运动的核心就是对立统一，引力和斥力在宇宙演化运动循环中就是对立面并且是对立统一的，其对立是作用相反，结果相反；其统一就是统一于宇宙的永恒交替循环运动并且是一切其他运动的基础。宇宙大爆炸和宇宙大收缩是对立统一的结果，斥力和引力相互之间的转变演化运动是对立统一的原因。

引力、电磁力（电磁力虽然含有斥力，但是它不是纯粹的斥力）、弱力、强力、这四种基本力在宇宙的永恒循环运动演化中只有引力才是真正的基本力，再加上斥力，也就是斥力和引力在宇宙的永恒循环运动演化中是最基本的力，斥力和引力的相互转变演化运动是宇宙中一切运动的基础如果没有斥力和引力相互转变演化运动没有宇宙O和宇宙E的一切和一切运动。

本书从引力的属性和特性以及斥力的属性和特性推导出并阐述了宇宙大爆炸的根本原因和宇宙大收缩的根本原因及宇宙加速膨胀的根本原因，主宰统治宇宙的原始动力，就是斥力和引力相互转变的作用，不久的将来人类将测量出黑洞内部引力所占的比例和宇宙大爆炸初期斥力所占的比例与现在所占的比例的差距，就可以间接的验证出宇宙大爆炸和宇宙大收缩时所占的斥力所占比例和引力所占比例的多少（我们人类社会活动的现实生活当中的爆炸和膨胀也应该是斥力直接排斥的作用以及收缩和坍缩也应该是引力直接吸引作用的结果，是否如此现在人类可以很容易地探测鉴定）……

　　有人问科学的尽头是什么？就看问的这个科学是社会科学还是人体科学？如果说最基础的科学是没有尽头的，最基础的科学就是宇宙科学。宇宙是没有尽头的，只有永恒循环运动。

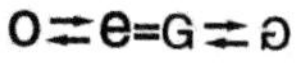

$$O \rightleftharpoons e = G \rightleftharpoons \partial$$
图二

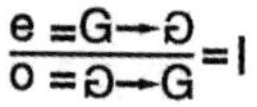

$$\frac{e = G \rightarrow \partial}{o = \partial \rightarrow G} = I$$
图三

$$e \rightleftharpoons o$$
图四

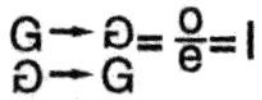

$$\begin{array}{c} G \rightarrow \partial \\ \partial \rightarrow G \end{array} = \frac{o}{e} = I$$
图五

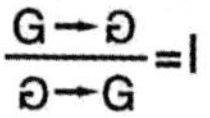

$$\frac{G \rightarrow \partial}{\partial \rightarrow G} = I$$
图六

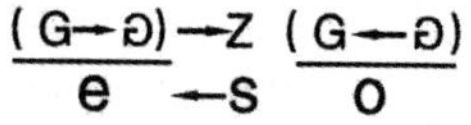

$$\frac{(G \rightarrow \partial) \rightarrow Z}{e \ \leftarrow S} \ \frac{(G \rightarrow \partial)}{O}$$
图七

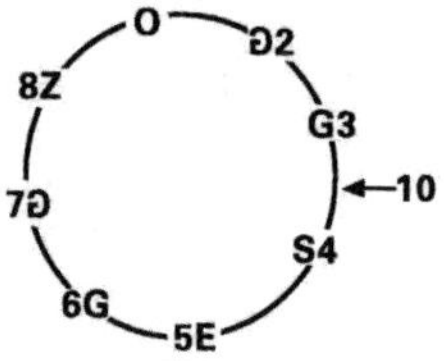

图1

$$\begin{array}{cccc} 2 & 3 & 1 & 5 \\ \partial \leftarrow & G \rightarrow & O \leftarrow & E \end{array}$$

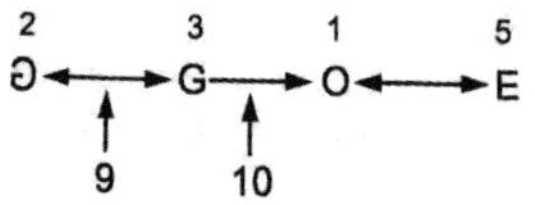

图2

斥力和引力相互转变的作用

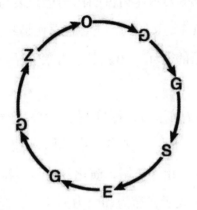

G ↔ G → O ↔ E

宇宙循环一次有宇宙大收缩和宇宙大爆炸各一次这是最基本的循环没有该循环就没有宇宙的循环。图中O，是宇宙O，就是我们现在的宇宙，符号2表示斥力，符号3是引力，符号4宇宙大收缩，符号5，是宇宙E，也就是没有大爆炸前的宇宙，符号6表示宇宙E是由引力向斥力的转变，符号7表示都转变为斥力，符号8表示斥力占的比例达到最高比例，然后发生宇宙大爆炸，O、是又回到宇宙O，也就是我们现在的宇宙，宇宙就是这样永恒的循环，10就是宇宙永恒循环的箭头，表示不可逆。

图2中的符号2是斥力，符号3是引力，符号1宇宙O也是我们现在的宇宙，符号5，是宇宙E，就是宇宙大爆炸前宇宙，符号9是相互转变，相互作用，演化的符号，符号10，是主宰决定的符号，该图表示，斥力和引力的相互转变，比例变化决定宇宙的存在形式的变化，即决定从宇宙O到宇宙E之间和宇宙E到宇宙O之间的相互转变。图二是宇宙O和宇宙E的相互变化也等于引力和斥力之间的相互转变。

图3是宇宙O和宇宙E的总能量（总物质）是相等的，转变时的威力当量是相等的，存在时间也是相等的，但是两种存在形式的运动方向是相反的。宇宙大爆炸之前确定是引力向斥力转变和宇宙大爆炸之后确定是斥力向引力转变完成后就是宇宙循环的一个完整周期。

图4是：宇宙大爆炸之前和宇宙大爆炸之后的两种宇宙的

存在形式。

图5是：引力向斥力转变和斥力向引力转变是决定和等于宇宙的两种存在形式等于完成了一个循环周期。

图6是：引力向斥力转变的完成和斥力向引力转变所用时间相同，所用的总能量相同，总斥力与总引力在一个完整的总循环中也是完全相等的对称的，也表示宇宙一个完整的循环完成。

图7是：宇宙大爆炸之前是引力向斥力转变，宇宙大爆炸之后是斥力向引力转变，也表明通过宇宙大爆炸和宇宙大收缩形成了两种宇宙存在形式。

书名《斥力和引力相互转变的作用》以及字母的说明：

箭头字母说明—>指不可逆循环方向，Z是指宇宙大爆炸，O是指宇宙O，也就是宇宙大爆炸后形成的我们现在的宇宙，G字母翻过来写的字母表示斥力的符号，G是指引力的符号，S是指宇宙大收缩的符号。E是指通过宇宙大收缩形成的宇宙E。连续综合起来说就是宇宙大爆炸后形成宇宙O也就是我们现在的宇宙，在现在的宇宙中是斥力向引力转变为主。当引力所占比例极端的高而斥力所占比例极端的底时就发生宇宙大收缩形成宇宙E，在宇宙E内是引力向斥力转变为主，当斥力所占比例极端的高，而引力所占比例极端的底时就发生宇宙大爆炸形成宇宙O。这就是：斥力和引力相互转变转化决定和主宰宇宙O和宇宙E之间的转变转化，并且是永恒交替循环的转变转化着。

本书阐述了宇宙运动的几大基本原理：

1.引力和斥力相互转变的运动，是宇宙运动当中其他一切运动的基础。

2.当全宇宙的引力所占的比例最高而斥力所占比例最低时就会发生宇宙大收缩，将全宇宙的总能量或者称为总物质，包括时间和空间通通都浓缩到最高级别，也就是进入宇宙E的运动阶段。

3.当全宇宙的斥力在整个宇宙的总能量或者是总物质所占的比例最高而引力所占的比例最低时就会发生宇宙大爆炸，也就是形成与宇宙O。

4.宇宙的整体球形去斥力层有一天开始分裂分解为多层的斥力层也就是内部有一个是球形斥力层这个球形斥力层外部包裹着一个球形斥力层这样很多球形斥力层包裹，让最外层的球形斥力层使斥力叠加排斥让最外层的斥力层分离的速度最快。

5.宇宙的对角直径永远不会有直线运动的时空路径，因为在斥力视界球形层还没消失之前宇宙的中心就有了超大的质量引力天体或者超大引力天体群，从大的星系内部中心都有一个超大的引力天体推理出宇宙的中心这就是原始黑洞，也应该有个超大的天体，这就造成了宇宙的直径被宇宙中心的超大质量天体和有视界超大质量斥力给弯曲了（每次循环周期都是如此，所以也应该称为规律）。

后　记

　　本书即将付梓出版了，内心感慨由此而生，这些文字凝聚着我的心血和汗水，是我人生旅途中一个重要节点。写这本书的最初原因来自儿童时期的童心，当年河北邢台地震发生时成年人们都议论如何避开地震危害，我当时不知什么原因说了一句至今记得很清楚的话：抓住风筝离开地面就没有危险了，这句话遭到大人的批评，但是，从那时起我对脚下的这片土地充满了恐惧和好奇。

　　1972年我转学到济南铁路第六子弟小学，在上学的路上，同班同学李承杰说人要是乘坐接近光速的运输装置走一段时间后就可以看到很久以前的人的视像，结果遭到众人的指责，这个说法让我从此爱上了天文，几十年来从关注到专注从没间断，利用一切可利用的时间和条件，想尽一切办法借阅天文书籍资料，20世纪80年代山东省图书馆这方面的资料可选的不多，我从工作单位开证明在山东大学老校图书馆办了借书证，有一次骑电瓶车下班路上忽然想起来霍金的黑洞蒸发理论与黑洞原有的定义相矛盾，没注意路况，结果与一汽车刮擦，这种让我入迷的事情还有很多。网上有人质疑《相对论》，我对这些质疑者劝到，如果质疑某个科学论述，就必须举出质疑的理由。宇宙奥秘博大精深，需要我们人类不停地探索发现。

感谢我的老首长王惠清同志四十多年来一至对我无微不至的关心关怀，激励指引我走在正能量的道路上，感谢以赵健为主的老同学、老同事对我的大力支持，感谢宋登科老师对本书的出版作出的付出。由于本人水平有限，对天文知识尤其是天文新发现认知太浅、不通透，书中难免有些观点存在欠缺，敬请读者批评指正。